U0248046

蔬菜生产技术

安金凤　编著

知识产权出版社
全国百佳图书出版单位

图书在版编目（CIP）数据

蔬菜生产技术/安金凤编著.—北京：知识产权出版社，2014.12

（中职中专教材系列丛书）

ISBN 978-7-5130-2750-2

Ⅰ．①蔬…　Ⅱ．①安…　Ⅲ．①蔬菜园艺—中等专业学校—教材　Ⅳ．①S63

中国版本图书馆 CIP 数据核字（2014）第 107418 号

内容提要

本书主要介绍了十种营养丰富、栽培容易、病虫害较少、大众喜食的蔬菜的栽培技术，较为详细地叙述了彩色甜椒、佛手瓜、荷兰豆、京水菜、空心菜、苦瓜、四棱豆、茼蒿、樱桃番茄、紫甘蓝的生物学特性，以及它们对环境条件的要求、栽培技术、常见病虫害的防治等内容。本书适用于中等职业学校，也可作为农村干部和农民的培训教材，更是蔬菜生产爱好者的课外实用读物。

责任编辑：张　珑　徐家春　　　　　　　　　　　　　责任出版：孙婷婷

（中职中专教材系列丛书）

蔬菜生产技术

SHUCAI SHENGCHAN JISHU

安金凤　编著

出版发行：知识产权出版社 有限责任公司		网　　址：http：//www.ipph.cn	
电　话：010—82004826		http：//www.laichushu.com	
社　址：北京市海淀区西外太平庄 55 号		邮　编：100081	
责编电话：010—82000860 转 8574		责编邮箱：riantjade@sina.com	
发行电话：010—82000860 转 8101/8029		发行传真：010—82000893/82003279	
印　刷：北京中献拓方科技发展有限公司		经　销：各大网上书店、新华书店及相关专业书店	
开　本：787mm×1092mm　1/16		印　张：6.75	
版　次：2014 年 12 月第 1 版		印　次：2014 年 12 月第 1 次印刷	
字　数：165 千字		定　价：20.00 元	

ISBN 978-7-5130-2750-2

青县职业技术教育中心校本教材编委会

主　编：安金凤

副主编：沈恩顺　宗世刚　张庆和　李志斌　张文军

编　者：魏忠玉　董丹洁　宋春丽　左曙光

前　言

为了使职业教育进一步适应经济转型升级、支撑社会建设、服务文化传承的要求，形成职业教育整体发展的局面，为实现中华民族的伟大复兴提供人才支持，教育部、人力资源和社会保障部、财政部实施了国家中等职业教育改革发展示范学校建设计划，青县职业技术教育中心作为第二批建设单位，经过两年的建设，进行了专业结构调整、培养模式优化的改革创新，形成了服务信息化发展、应用信息化办学的特色，探索了精细化管理、个性化发展的提高教育质量的机制。

根据国家级示范校建设要求，充分体现示范校建设取得的成果和成效，我们组织相关人员深入司马庄绿豪农业专业合作社等 26 家企业实地调研，开展了 200 份问卷调查，查找行业标准，了解企业需求，编写了示范校建设教材。本教材是专业教师和企业一线员工智慧的结晶，内容丰富、形式多样，反映了建设过程中最具特色的探索和实践，反映了学校服务县域经济战略、与企业无缝对接的办学经验。

本教材的形成过程，是全校教师共同总结创建经验的过程，是学习应用现代职业教育理念升华创建价值的过程，也是为进一步适应中国经济升级、增强服务国家战略能力的再思考的过程，它不仅是创建国家中职示范校工作总结的重要组成部分，也是职教人传承和发展的宝贵财富，我们愿将这一文化积淀和职教同仁分享，共同谱写中国职教的美好明天。

在此，衷心感谢在本书的编写中给予帮助的青县农业局农艺专家张庆和；感谢青县司马庄绿豪农业专业合作社负责人李志斌、青县广旺蔬菜种植专业合作社负责人张文军对本书提供的宝贵的建议和专业参考意见；同时也感谢本校教师为本书提供了大量实践依据。正是由于各位职教同仁的共同努力，本教材才得以呈现在读者面前。

本书的不妥之处，请各位专家、学者、老师们批评和指正。

青县职业技术教育中心校本教材编委会

2014 年 6 月

目　录

学习任务 1　彩色甜椒 ……………………………………………………… 1

学习任务 2　佛手瓜 ………………………………………………………… 10

学习任务 3　荷兰豆 ………………………………………………………… 19

学习任务 4　京水菜 ………………………………………………………… 29

学习任务 5　空心菜 ………………………………………………………… 39

学习任务 6　苦　瓜 ………………………………………………………… 50

学习任务 7　四棱豆 ………………………………………………………… 61

学习任务 8　茼　蒿 ………………………………………………………… 70

学习任务 9　樱桃番茄 ……………………………………………………… 80

学习任务 10　紫甘蓝 ……………………………………………………… 90

学习任务1 彩色甜椒

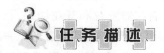
本任务主要学习彩色甜椒的特性及生产管理要点，通过本任务学习掌握彩椒的育苗、田间管理和病虫害防治技术，学会合理安排茬口，实现全年生产。

一、彩色甜椒的生物学特性

（一）植物学特征

彩色甜椒属浅根性植物，如图1-1所示，主根在疏松的土壤中可深入土层50cm左右，被切断后能促进侧根的生成。同番茄、茄子比较而言，彩色甜椒的根系相对弱些，所以抗逆性差，既不耐旱，又怕涝，对土传病害的抵抗力比较差。彩色甜椒的茎直立，属无限生长分枝习性，在植株分杈处生长第1朵花，之后再不断地分杈并在分杈处着花，即两杈变四杈，四杈变八杈。它的真叶为单叶互生，叶面光滑，无缺刻，外端渐渐变尖，叶片绿色，但不同品种的叶色深浅不同，果实为紫色的品种的叶色最深，果实为白色的品种的叶色最浅。花为两性花，白色，属于常异交授粉作物，一般异交率在10%左右。

图1-1 彩椒

彩色甜椒是多种不同果色的甜椒的总称，又被称为"七彩大椒"，它属于茄科辣椒属，原产于中南美洲的墨西哥等地，16世纪传入欧洲。我国在20世纪90年代中后期从荷兰、以色列、美国等国家引入。它作为甜椒家族中一个特殊品种，与普通甜椒相比具有以下4个特点：

（1）果型大、果肉厚。单果重200～400g，最大可达700g，果肉厚度在5～7mm。而普通椒单果重60～100g，果肉厚度在2～4mm。

（2）果皮光滑、色泽艳丽多彩。有红、橙、紫、浅紫、奶白、翠绿、金黄等多种颜色，又被称为"七彩甜椒"。

（3）口感甜脆、营养价值高。因其维生素C和矿物质含量比普通甜椒高40%以上，所以口感甜脆，特别适宜生食，不适宜炒食。

（4）采摘时间长、耐低温、耐弱光。其结果采摘期可达8个月，植株长势强，耐低温，弱光能力强，株高可达2m以上。

因彩色甜椒具有以上优良特性，所以深受宾馆、饭店欢迎，常作为节日装箱礼品菜及

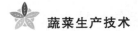

观光旅游纪念礼品。

（二）彩色甜椒对环境条件的要求

（1）温度。彩色甜椒喜温怕霜冻，种子发芽的适宜温度为25～30℃。苗期要求温度较高：白天25～30℃，夜间18～20℃，温度过高影响彩色甜椒的花芽分化，过低则导致彩色甜椒生长缓慢。营养生长期适宜温度为白天20～30℃，夜间15℃左右。开花结果期适宜温度为白天25～28℃，夜间13～15℃。地温在17～26℃适宜彩色甜椒的根系生长，其中最适的温度为22℃左右。若室温高于35℃或低于15℃会影响花器发育和开花结果。

（2）光照。彩色甜椒属于中日性作物，即对光照要求不如温度严格，但怕强光，一般只需中等强度的光照。如日照时数在14小时以内，彩色甜椒的开花结果数会随着日照时间的增加而增多。

（3）水分。彩色甜椒喜湿润的土壤条件，但不耐涝，过干、过湿均不利于生长，要求空气相对湿度为60%～80%，土壤最大持水量80%左右，尤其是开花结果期不能受旱。

（4）土壤和养分。喜中性和微酸性的土壤，尤以土层深厚、疏松，富含有机质的轻壤土最佳。需肥量大，形成1000kg产品需从土壤中吸收纯氮3.5～5.4kg，P_2O_5 0.8～1.3kg，K_2O 5.5～7.2kg，氮、磷、钾的吸收比例为1：0.24：1.33，此外，还需要适量的钙、镁、锌、锰、铜等微量元素。

二、彩色甜椒的品种类型

彩色甜椒的种子市场上有很多，一般分为三类。一是国外引进的杂交一代种。这类种子从荷兰、以色列、美国、日本等国引进，以从荷兰引进的甜椒表现最好，其品质好、产量高、耐低温、耐弱光性好，但缺点是适应性和抗病性稍差、价格偏高。二是国内培育的一代杂交种。这类种子适应性强、产量高、品质较好、抗病，种子的价格偏低。三是自繁的劣质种子。这类种子从一代杂交种中繁殖而来，有些包装上照片很漂亮，但种子质量极差，生长不整齐，椒的大小、颜色均分离出多种类型，不但产量低，而且产品品质差。广大菜农可根据当地市场需求和气候特点选择果型大、颜色鲜艳、果实呈方灯笼形、果皮光滑、口感脆甜、抗病性强的杂交一代种，每亩用种2000～3000粒（20～28g），并到正规售种单位去购种，切勿图便宜购买自繁种或伪劣种子。

目前有以下14个彩色甜椒品种表现较好。

（1）红水晶（F_1）。北京北农西甜瓜育种中心育成，嫩果为绿色，成熟果为鲜红色，方灯笼形，长、粗各10cm，果肉厚7mm，平均单果重200g以上，个大、口感好、抗病性强，亩产5000kg以上。从定植到初次采收需100～120天。

（2）黄玛瑙（F_1）。北京北农西甜瓜育种中心育成，嫩果为绿色，成熟果为金黄色，方灯笼形，长、粗各为10cm，果肉厚7mm，平均单果重200g以上，个大、口感好、抗病性强，亩产5000kg以上，从定植至初次采收需100～120天。

（3）橙水晶（F_1）。北京北农西甜瓜育种中心育成，嫩果为绿色，成熟果为橙黄色，方灯笼形，长、粗各10cm，果肉厚7mm，单果重200g以上，个大、口感脆甜、抗病性较强，亩产5000kg以上。从定植至初次采收需100～120天。

（4）紫晶（F₁）。北京北农西甜瓜育种中心育成，嫩果为深紫色，老熟后转为红色，方灯笼形，长、粗各 10cm，果肉厚度为 5～7mm，单果重 200g 左右，口感甜脆，营养物质含量高，抗病性好，从定植至初次采收约 90 天左右。一般亩产 5000kg 左右。

（5）白玉（F₁）。北京北农西甜瓜育种中心育成，果色由奶白色变为浅黄色，老熟后转为红色，灯笼形，四心室，长、粗各 10cm，果肉厚度为 5～7mm，单果重 200g 左右，口感脆甜，营养物质含量高，抗病性好，从定植至初次采收需 90～100 天。一般亩产 5000kg。

（6）玛祖卡。由荷兰瑞克思旺公司引进，嫩果为绿色，成熟果为鲜红色，长方灯笼形，长、粗各 10cm，果肉厚度是 7mm，单果重 200g 以上，果型大，表皮光滑，颜色鲜艳，口感甜脆，抗病性强，适应性较广，从定植至初次采收 120 天左右。

（7）紫龙。北京蔬菜研究中心选育。果实为牛角形，商品果为紫色，味微辣，果面光滑，品种佳，单果重 60g 左右，较抗病毒。适于保护地栽培。

（8）紫贵人。荷兰品种。叶绿且肥大，株型紧凑，生长势强，适宜密植。果实为长灯笼形，长 11cm，茎粗 8cm。幼果和商品果皮为紫色，成熟后转为紫红色。商品果光亮，肉厚，多汁，没有辣味，口感甘甜，不易出现裂果，可适当提早采收。平均单果重 150g。适宜日光温室和早春大棚内保护地栽培。

（9）黑皮小指天椒。小果型品种，呈圆锥形，近似三角形，果朝天，果长 2.5cm，果肩宽 1.6cm，有连续开花结果特性，结果较多，果色随成熟度不同而发生变化，幼果期为紫黑色，初成熟期变为青绿色，老熟期变成鲜红色，在一棵植株上可同时长有 3 种颜色的果实，很有观赏价值。辣味中等，株高 60cm，可在家庭阳台及温室大棚、露地栽培。

（10）黑珍珠。果小，圆形，直径 0.8～1.3cm，大小如珍珠，朝天，果皮紫黑色，如熟了的黑葡萄，十分精致小巧，果实成熟后呈鲜红色，辣味强，结果力较强，株高 30～40cm。适合家庭阳台及温室栽培。

（11）紫星 1 号。北京市农林科学院蔬菜研究中心培育。果实为长灯笼形，果长 10cm，横径 7cm，中早熟，生长势强，株型紧凑，果实端正，果面光滑，嫩果为紫色，成熟果为浓紫色或紫黑色，单果重 150g 以上，坐果多。

（12）巧克力甜椒。北京市农林科学院蔬菜研究中心培育。中早熟，嫩果为绿色，成熟果为棕褐色（巧克力色），单果重 120g 以上，含糖量高，坐果率高，抗病能力强。

（13）黑弹头辣椒。株高 60cm，叶深绿色，株茎和叶茎均紫色，开紫花，对结果和簇生果较多，坐果率高，株产 100 余果，果呈圆三角形，似"子弹头"形，味极辣。幼果皮黑色，朝天。果长 3cm，直径 1.6cm，果柄长 2.5cm，成熟果为鲜红色。在盛果期，果黑红，朝天。

（14）黑葡萄辣椒。株高 55cm，叶深绿色，花紫色，果圆形，朝天，幼果皮色如熟透的巨峰葡萄，果径 0.8～1.2cm，熟果呈鲜红色，幼老果均有光泽，对结果和簇生果多。单株结 200 余果，果味强辣，果实大小均匀。

三、彩色甜椒的栽培季节

（1）日光温室栽培：6 月底～7 月中旬育苗，8 月定植，11 月上旬开始收获，翌年 8

月拉秧。

(2) 春大棚栽培：1月上旬播种，3月下旬定植，6月下旬开始收获。

(3) 夏季冷凉温室种植：5月播种，6～7月定植，10～12月收获。

以上3种栽培方式合理搭配可实现彩椒的周年供应。

四、彩色甜椒的栽培技术

（一）培育无病壮苗

培育无病壮苗是高产、优质的基础，适宜的苗龄是根据育苗床的温度来确定的。首先要做好苗床和种子的消毒，每平方米苗床用50％多菌灵8～10g与适量的细潮土混拌均匀后撒施。预防病毒病应采用磷酸三钠浸种来钝化病毒：先用清水浸种8～12h后，再用10％磷酸三钠浸种20min，用清水冲净，然后放至25～30℃环境下催芽5～7天，待种子露白后播种。育苗时可采用72穴塑料穴盘或6cm×8cm营养钵育苗，以草炭和蛭石为基质。播种后白天适宜的温度为28～30℃，夜间在18～20℃，地温应为20℃左右，出齐苗后室温应降低3～5℃。冬、春季节做好保温和人工加温措施，夏、秋季采取多种措施降温，使幼苗大部分时间均在适宜的温度下生长。夏季育苗在风口安装防虫网，以防蚜虫和其他害虫进入传播病毒病，在上午10时至下午3时棚顶要加盖遮阳网以遮光和降温，并喷施1～2次"N-83增抗剂"或"植病灵Ⅱ号"来预防病毒病，叶面喷施0.3％浓度的磷酸二氢钾2～3次，促使幼苗生长健壮，当幼苗呈2叶1心时进行单株分苗（穴盘育苗方式除外）。

（二）施肥与定植

要施足有机肥，结合精细整地施入，每亩施用腐熟细碎有机肥3000kg以上，或活性有机肥（膨化鸡粪加生物菌制成）1000kg以上，耕深25～30cm，整平整细后做成长6～8m、间距1m、畦宽60cm、畦沟40cm的小高畦，畦面高出地面20cm，每畦定植1行，株距30～40cm，也可按1.5m的间距做成畦面宽80cm、畦沟宽70cm的瓦垄高畦或平面高畦，每畦定植2行，株距30～40cm，每亩定植1800～2500株，采收期长的密度宜小些，春节采收后即拉秧的密度宜大些。定植时要选择无风的晴天进行，栽后及时浇水，并覆盖银灰色地膜。有条件的尽量安装滴灌设施和施肥装置。

（三）整枝与吊株

整枝是产量多少和果实大小的关键措施，也是彩色甜椒与普通甜椒管理的不同之处。普通甜椒着重门椒、对椒等早期果实的产量，后期不整枝任其自然生长，致使单株结椒数量多，但果实小、产量低、品质差；而彩色甜椒着重采收期长，植株生长健壮，结果数少而单果重、品质好，一般每株结果20个左右，单果重200g左右，每株产4kg，亩产5000kg以上。采用春节或其他时间集中采收1～2次的种植方式，每株结果6～8个，单果重200g，每亩2300株，产量3000kg左右。

每株选留2～3条主枝，以每平方米7条左右为宜，门椒和2～4节的基部花蕾应及早疏去，从第4～5节开始留椒，以主枝结椒为主，及早剪除其他分枝和侧枝，在密度较小情况下，植株中部侧枝可留1个椒后摘心，每株始终保持有2～3个主枝条向上生长。无须培土，以防根部氧气少而影响生长。采用银灰色吊绳来固定植株，每个主枝用 1 条吊绳来拴住基部；采用短季节集中采收的种植方式，也可采用竹竿搭围栏来固定植株。

（四）肥水科学管理

1. 均匀浇水

定植后浇水促进缓苗，然后中耕，蹲苗 15 天左右，目的是促进根系生长。以后根据季节和长势及天气情况浇水，以小水勤浇为宜，常保持土壤湿润，一般 5～7 天浇一次水，采用滴灌方式的在结果期每天滴水 30min 左右，每亩滴水量 5m³ 左右为宜，可根据水压来确定滴水时间。保护地室内空气相对湿度在 60%～80% 为宜。

2. 平衡施肥

根据土壤养分含量来确定追肥数量，一般每隔 15 天左右追肥一次，可选用活性有机肥每亩使用 2100kg 加硫酸钾 5kg 穴施；也可用 "一特" 蔬菜专用肥每亩 220kg 穴施；有滴灌设施的用台湾 "农保赞" 有机液肥效果最好（其养分含量为速效氮 9%，P_2O_5 6%，K_2O 9%，微量元素 2%）。总之，要本着氮、磷、钾和微量元素配合使用和 "少吃多餐" 的原则，切忌一次大量追施氮素化肥。生长期间 10 天左右叶面喷肥一次可促进生长发育，可结合喷施农药一起进行，品种选用 0.2% 尿素加 0.3% 磷酸二氢钾，或 "农保赞" 有机液肥 6 号 500 倍。最好喷在叶背面，且避开中午温度高时来喷效果好。

（五）疏花疏果与喷花保果

甜椒生长期间要结合整枝进行疏花疏果，每株可同时结果在 6 龄以内，以确保养分集中供应，促使果大、肉厚和品质好，在棚温低于 20℃ 和高于 30℃ 时采用适宜浓度的 "沈农二号" 生长调节剂喷花保果，其浓度视室温而调整：在室温 20℃ 时，每 8ml 兑水 0.75kg，当室温 25℃ 时，每 8ml 兑水 1kg，当室温 30℃ 时每 8ml 兑水 1.25kg。

（六）调节温度和光照

保护地要及时调节室内温度，使其大部分时间在适宜的温度条件下生长，白天保持 25～30℃，夜间 13～18℃，冬、春季节需进行增温、保温和人工加温；夏、秋季节采取多项措施降低温度。6～8 月的 10～15 时在棚顶覆盖遮阳网降温遮光，减轻光照强度，也可采取在两边种植苦瓜、丝瓜、南瓜等蔓生蔬菜爬上棚顶遮光的办法。冬、春季节要经常清洗棚膜以增加透光率。

（七）二氧化碳施肥

保护地种植甜椒在坐果后如采用人工二氧化碳施肥的方法能增加植株光合作用能力，促进其生长发育，有效地提高产量和品质。经试验证明以固体硫酸与碳酸氢铵反应方法效果最好，具体方法是：晴天当太阳出来 1h 左右时，每亩用碳酸氢铵 3.5kg 放入发生器或塑料盆（桶）中，加含量为 70% 的固体硫酸 2.9kg，再加入清水 4～5kg，关闭风口和门窗 1.5h 后再放风，这样使棚室内二氧化碳浓度达到 1000mg/kg 以上，一般能增产 20% 以上。在冬季夜间温室内安装臭氧发生器，能有效地预防病害的发生。

五、彩色甜椒的病虫害防治

彩色甜椒的主要病害有病毒病、疫病、灰霉病，主要害虫是桃蚜。

（一）病毒病

1．症状识别

图1-2　彩椒病毒病

病毒病是彩色甜椒的重要病害，发生普遍，露地和保护地种植发病都相当严重，显著影响彩色甜椒的产量和质量。彩色甜椒病毒病常出现花叶、黄化、坏死和畸形等多种症状。花叶型病表现为叶初期叶片叶脉轻微退绿，有的叶片上出现浓绿、淡绿相间的斑驳，严重时叶面皱缩畸形或形成线形叶，植株严重矮化，果实变小甚至不结果。黄化病叶症状表现为叶片明显变黄，严重时造成大批落叶。坏死型病株表现为叶片部分组织变褐坏死。有时几种症状同在一株上出现，引起落叶、落花、落果，严重影响彩色甜椒的产量和品质。如图1-2所示。

2．发病规律

彩色甜椒病毒病由多种病毒侵染引起，传播途径因毒源种类不同可分为虫传和接触传染两类。田间发病与蚜虫的发生关系密切，特别是高温干旱的天气不仅可促进蚜虫传毒，还会降低彩色甜椒的抗病性。通常高温干旱时病害严重。定植不适时、连作、低洼及缺肥等易引起此病流行。

3．防治方法

（1）引进或选用相对较抗病或耐病的彩色甜椒品种。种子用10％磷酸三钠浸种20～30min后洗净催芽播种，在分苗、定植前和花期分别喷洒0.1％～0.2％硫酸锌。

（2）适时播种，培育壮苗。要求秧苗株型矮壮，第一分杈具花蕾时定植。

（3）采用配方施肥技术，施足有机活性肥或BB蔬菜专用肥和腐熟的有机肥，勤浇水。尤其采收期需勤施肥、浇水。

（4）采用防虫网防治传毒蚜虫，减轻病毒病发生。

（5）夏季保护地种植采用遮阳网覆盖，露地种植与高秆遮阴作物间作，改善田间小气候，减少田间发病。苗期可喷洒20％病毒A可湿性粉剂500倍液，或1.5％植病灵乳剂1000倍液，或NS-83增抗剂100倍液，或1％抗毒剂1号水剂200～300倍液，隔10天左右喷1次，连续喷施3～4次。

（二）疫病

1．症状识别及为害特点

彩色甜椒疫病死秧是造成彩色甜椒毁灭性损失的主要原因，种植地区都有发生，发病后常造成植株成片死亡，轻病棚发病率20％～30％，重病棚发病率常达50％以上，甚至造成整棚植株坏死，损失极其严重，也是当前影响我国彩色甜椒生产的最主要病害。如图1-3所示。

此病在彩色甜椒各生育期都可能发生，因彩色甜椒主要在棚室内种植，经济损失相对严重。棚室内发病多表现为死苗或死秧，沿根茎或茎基部向上变褐坏死并迅速发展。病苗根茎部明显缢缩，成株茎基部呈黑褐色，随病害发展病苗或病株萎蔫死亡。一定条件下成片植株急速凋萎死亡。

　　彩色甜椒疫病死秧主要是由一种低等真菌侵染引起。彩色甜椒死秧多在春、秋温暖季节发生，茄果类蔬菜连茬种植的棚室内易发病。保护地栽培在浇水后容易发病，重茬棚室病害严重。如果土壤中有病菌存在，土壤相对湿度95％以上持续 4～6h 病菌就可感染，2～3d 后就出现病株，如控制不得力，土壤潮湿，短期内就迅速扩散到全棚。通常积水的棚室，或定植过密、通风透光不良，发病严重。

图 1-3　彩椒疫病

　　2. 防治方法

　　一是收获后及时彻底清除植株残体，耕翻土壤，最好与葱、蒜或冷凉蔬菜轮作。二是进行药剂处理土壤预防，可选用硫酸铜每亩 3～5kg 拌适量细土，1/3 药土均匀撒施在定植沟或定植穴内，另 2/3 药土在定植后覆盖在植株根围地面，避免药土直接接触根系。也可用 70％土菌消可湿性粉剂每亩 1～2kg，或 72％锰锌·霜脲可湿性粉剂 1～3kg 拌药土处理土壤。还可采用日光能高温处理土壤，即在春、夏之交天气晴好空茬时期，深翻土壤，精细整地后均匀撒施 2～3cm 长碎稻草和生石灰每亩各 300～500kg 后全面耕翻，使稻草和石灰均匀分布于耕作层，浇水使土壤湿透后铺膜，四周压实，再闭棚升温，高温闷棚 15～30 天，使土壤耕作层持续高温将病虫杂菌杀灭，处理后注意增施生物有机肥和防止再污染。三是加强彩色甜椒生长期田间管理，根据彩色甜椒生理需要合理浇水施肥。提倡采用滴灌或膜下暗灌技术，禁止大水漫灌。浇水后加大通风，防止棚内空气和土壤湿度过高。发现病苗或病株随时拔除，注意控制浇水，及时实施药剂防治，可选用 72.2％普力克水剂，或 72％锰锌·霜脲可湿性粉剂 500～600 倍液，或 69％安克锰锌可湿性粉剂 1000～1200 倍液，或 70％土菌消可湿性粉剂 1500 倍液，或 98％恶霉灵可湿性粉剂 2000 倍液灌根，视病情 10～15 天一次，浇灌药液 150～250ml/株。发病期注意适当控制浇水。

　　（三）灰霉病

　　1. 症状识别

　　幼苗、叶、茎、枝、花的器害均可感染灰霉病。幼苗染病，子叶先端变黄，后扩展到幼茎，致茎缢缩变细，由病部折断而枯死；叶片染病，病部腐烂，或长出灰色霉状物，严重时上部叶片全部烂掉，仅余下半截子茎；成株染病，茎上初生水浸状不规则斑，后变成灰白色或褐色，病斑绕茎一周，其上端枝叶萎蔫枯死，病部表面生灰白色霉状物；枝条染病，亦呈褐色或灰白色，具灰霉，病枝向下蔓延至分杈处；花器染病，花瓣呈褐色，水浸状，上面密生灰色霉层，如图 1-4 所示。

图 1-4　彩色甜椒灰霉病

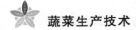

2．传播途径和发病条件

病菌发育适温为23℃，最高31℃，最低2℃。病菌对
湿度要求很高，一般12月至翌年5月连续湿度90％以上的多湿状态易发病。大棚持续较高相对湿度是造成灰霉病发生和蔓延的主导因素，尤其在春季连阴雨天气多的年份，气温偏低，放风不及时，棚内湿度大，致灰霉病发生和蔓延。此外，植株密度过大，生长旺盛，管理不当都会加快此病扩展。光照充足对该病扩展有很大的抑制作用。

3．无公害防治方法

（1）保护地彩色甜椒要加强通风管理，上午尽量保持较高的温度，使棚顶露水雾化；下午适当延长放风时间，加大放风量，以降低棚内湿度；夜间要适当提高棚温，减少或避免叶面结露。

（2）发病初期适当节制浇水，严防浇水过量，正常灌溉改在上午进行，以降低夜间棚内湿度或结露。

（3）发病后，及时摘除病果、病叶和侧枝，装入袋中集中烧毁或深埋。

（4）棚室可选用10％腐霉利烟雾剂，每亩1次250～300g熏烟，隔7天1次，连续或交替熏2～3次，也可喷洒5％百菌清粉尘剂或6.5％甲硫•霉威粉尘剂，每亩1次1kg，隔9天1次，连续或交替喷洒3～4次。

（5）种植密度不宜过大，每亩3000～3100株能适当抑制该病扩展。

（6）发病后喷洒50％异菌脲可湿性粉剂1000倍液、50％腐霉利可湿性粉剂1500倍液、40％嘧霉胺（施佳乐）悬浮剂1200倍液、50％福•异菌（灭霉灵）可湿性粉剂800倍液、25％咪鲜胺乳油1000倍液、30％百•霉威可湿性粉剂500倍液、40％福•多（多菌清）可湿性粉剂800倍液，每亩喷兑好的药液50L，隔7～10天1次，防治2～3次。对上述杀菌剂产生抗药性的地区，选用25％菌思奇乳油，每亩用药13.34～26.67g。

（四）桃蚜

1．为害特点

桃蚜的成虫、若虫在植物上刺吸汁液，造成叶片卷曲变形。且桃蚜能传播多种病毒病，造成的危害远远大于蚜害本身。

2．防治方法

（1）保护地内可悬挂粘虫黄板，风口安装防虫网来阻拦蚜虫进入。

（2）发病初期可喷洒10％毗虫啉可湿性粉剂1000倍液，或20％康福多水溶剂2500倍液治。

（3）由于蚜虫繁殖快，蔓延迅速，多在心叶及叶背皱缩处，药剂难于全面喷到。所以除要求喷药时要周到细致之外，在用药上应尽量选择兼有触杀、内吸、熏蒸三重作用的农药，如国产50％的高渗抗蚜威，或英国的辟蚜雾（成分为抗蚜威）50％可湿性粉剂1000倍液，它们不仅有效，且选择性强，仅对蚜虫有效，对天敌昆虫及桑蚕、蜜蜂等益虫无害，有助于田间的生态平衡。其他还可用3％啶虫脒乳油1000～1250倍液，或10％吡虫啉可湿性粉剂1500倍液，或10％氯氰菊酯乳油2500～3000倍液。

（五）烟青虫

1. 为害特点

主要为害青椒，以幼虫蛀食蕾、花、果，也蛀食嫩茎、叶和芽。果实被蛀会引起腐烂而大量落果，是造成减产的主要原因。如图 1-5 所示。

2. 防治方法

关键是用药时期，要求在卵孵化盛期至 2 龄盛期，即幼虫未蛀入果内之前施药。提倡喷洒 1.8％阿维菌素乳油或 15％安打悬浮剂 4000～5000 倍液，2.5％氯氟氰菊酯乳油 2000 倍液，注意交替轮换用药。如待 3 龄后幼虫已蛀入果内，施药效果则很差。

图 1-5　烟青虫正蛀入彩色甜椒果实

课后习题

1. 如何培育彩色甜椒无病壮苗？
2. 怎样做到彩色甜椒的科学合理施肥？
3. 常见彩色甜椒病虫害如何防治？

相关链接

❀彩色甜椒的营养

彩色甜椒主要有红、黄、绿、紫 4 种。彩色甜椒富含多种维生素（丰富的维生素 C）及微量元素，不仅可改善黑斑及雀斑，还有消暑、补血、消除疲劳、预防感冒和促进血液循环等功效。

❀彩色甜椒的食疗价值

（1）补血益气。适宜肤色没有光华、失去红润，手脚冰冷的人群。

（2）消除疲劳。含辣椒碱，能刺激味觉、增强食欲、促进大脑血液循环，使人精力充沛、思维活跃。

（3）预防感冒。富含蛋白质，是维持免疫机能最重要的营养素，为构成白细胞和抗体的主要成分，可预防感冒。

（4）促进血液。促进人体气血运行，宜于治疗血瘀症。

❀彩色甜椒牛柳（图 1-6）的制作步骤

（1）牛柳洗净，逆着纹理切成条状，加入 1/2 汤匙油、1/5 汤匙白糖、1/3 汤匙料酒、1/2 汤匙鸡粉、1 汤匙蚝油、1 汤匙生粉拌匀，腌制 15min。

（2）洗净红彩色甜椒和西芹，都切成条；姜切成丝。

图 1-6　彩色甜椒牛柳

（3）烧热锅内 2 汤匙油，爆香姜丝，放入牛柳炒至变色，盛起待用。

（4）续添 1 汤匙油烧热，倒入彩色甜椒和西芹大火爆炒 1 分钟，加入 1/3 汤匙盐、1 匙酱油、1/2 汤匙鸡粉和少许清水拌炒均匀。

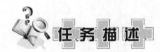

学习任务 2　佛手瓜

任务描述

本任务主要学习佛手瓜的特性及生产管理要点，通过本任务学习掌握佛手瓜的育苗、田间管理和病虫害防治技术，学会合理安排茬口，实现丰产。

佛手瓜又称合掌瓜、洋丝瓜、菜肴梨、万年瓜等，如图 2-1 所示，为葫芦科佛手瓜属多年生攀缘性草本植物。原产于墨西哥及中南美洲的热带地区。19 世纪初传入中国华南与西南地区和山东、河北等地。食用部分为果实和植株的嫩梢，果肉肥厚脆嫩、质地细密、清香多汁、味道鲜美，富含人体所需的各种养分，其蛋白质、糖类、维生素及钙、磷、铁等含量十分丰富，其中蛋白质含量与黄瓜相似，而维生素和钙含量是黄瓜的 2～3 倍。

图 2-1　佛手瓜

佛手瓜的热量很低，常食有减肥作用。又是低钠食品，常食可减轻心、肾负担，从而避免水肿病的发生，还可减缓动脉硬化，是心脏病、高血压病患者的主选蔬菜。可以切片或切丝炒食，也可凉拌、腌渍和酱制。其嫩梢鲜嫩清香，营养也十分丰富，味道和芦笋相似，可凉拌和清炒，在我国台湾省称为"龙须菜"。

一、佛手瓜生物学特性

（一）植物学特征

（1）根。佛手瓜的根系最初是弦状须根，白色，随着植株的生长，须根逐渐加粗伸长，形成半木质化的侧根，上生不规则的副侧根，侧根长而粗，在一般土壤中，1 年生的侧根长 2m 以上，2 年生的侧根可长达 4m 以上。根系的分布范围广，吸收水肥能力强而耐旱。栽种 2 年后能产生类似山药的块根，但条件不适合则不易形成块根。

（2）茎。佛手瓜的茎长而分枝性强，一般主蔓长达 10m 以上，几乎每节都有分枝，分枝上又有 2～5 级侧枝，蔓略呈圆形，色绿，有不明显的纵棱。茎节上卷须很大，与叶相对而生，到一定节位后着生雄花和雌花。

（3）叶。叶片互生，呈掌状五角形，中央一角特别尖长，颜色为绿色至浓绿色。叶面较粗糙，略有光泽，叶背的叶脉上被有茸毛。

（4）花。雌雄同株异花，两者一般同节附生，雄花为总状花序，花序轴长 8～18cm，着生 10 朵雄花。雌花单生，也有着生 2～3 朵者。有的品种雄花较早地出现在子蔓上，雌花多着生于孙蔓上，主蔓也可结瓜但较迟。萼片、花冠均 5 裂，花色淡黄，异花授粉，虫媒花。

（5）果实。呈梨形，有 5 条明显的纵沟，将瓜分成大小不等的 5 大瓣，顶端有一条缝线。瓜的表面比较光滑，有的品种瓜面有小肉瘤和硬刺。表皮绿色或白色，瓜肉白色，纤维少，具有清香味。单瓜重 300～500g，大的可达 600g 左右。一般单株结瓜 200～500 个，大株可结瓜千余个。

（6）种子。每个瓜内只有 1 粒种子，当种子成熟时，几乎占满整个子房腔，它的种皮与果肉紧密贴合，不易分离。种皮系肉质膜状，没有控制种子内失水的功能。种子卵形、扁平，无休眠期，成熟后若不及时采收，极易萌发——从瓜中长出芽来，这是佛手瓜的一个显著特点。种子脱离果肉后极易干，易丧失生命，一般繁殖及储藏时都是以整瓜为材料进行的。

（二）佛手瓜对环境条件的要求

1．产地环境条件

（1）温度。佛手瓜喜温不耐寒，但处于月平均温度在 28℃ 以上的地方较难越夏；凡是年平均气温在 20℃ 左右，夏季各月平均气温在 25℃ 左右，早霜来得晚的地区种植时，产量比较高，且可能有块根发生。种子发芽最低温度是 12℃，适温为 18～25℃。幼苗期的生长适温为 20～30℃，高于 30℃ 生长受到抑制，但能忍受短期 40℃ 高温。结瓜期要求的温度较低，适温为 15～20℃，低于 15℃ 和高于 25℃ 时授粉和瓜的发育受到影响。低于 5℃ 时，植株将会受到冻害而死亡。

（2）光照。佛手瓜为典型的短日照作物，在长日照下不会开花结瓜，这是在我国北方种植时一定要到秋后才能开花结果的原因。也正是因为当它开始进入旺盛结瓜的季节时，早霜也即将到来，所以产量受到了严格限制。佛手瓜属于中光性作物，比较耐阴。喜欢中等强度的光照，强光对植株的生长有抑制作用。

（3）湿度。佛手瓜喜欢较高的空气湿度。在空气干燥的地区长势衰弱，炎热季节需采取小水勤浇来增加土壤和空气的湿度，这样有利于植株安全越夏和生长。

2．土壤环境条件

佛手瓜对土壤的要求不严格，在黏土、壤土、沙壤土上均可生长，但以物理结构良好、肥沃疏松、透水透气性良好的沙壤土为宜。佛手瓜适宜在微酸性土壤上生长，适宜的 pH 为 5.8～6.8，但在 pH 为 5.5～7.6 的范围内也能适应。在盐碱地上栽培时，只要采取防碱措施，多施有机肥，也能获得高产。

二、佛手瓜品种类型

国内外尚未对佛手瓜的类型和品种进行明确划分。我国栽培的佛手瓜品种主要有两类。

（1）绿皮品种：生长势强，蔓粗壮而长，结瓜多，瓜形较长而大，上有刺，丰产性好，并能产生块根，但是味清淡。

（2）白皮品种：生长势较弱，蔓较细而短，结瓜少，产量较低。瓜形较圆而小，光滑

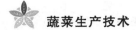

无刺，皮色白绿。组织致密，口味浓。

从栽培地区来说，佛手瓜又分为云南栽培种和福建栽培种，综合来看福建栽培种表现较好，其主要有以下两个品种。

（1）古岭合掌瓜：植株攀缘生长，分枝性强，第一叶掌状五角形。主侧蔓各节都可着生雌花。瓜梨形，外皮绿色，光滑有光泽，无肉刺，肉质细密品质好，中熟，抗病性强。单瓜重 200g 左右，每株产量可达 70kg。

（2）白皮佛手瓜：福建栽培种，植株攀绕生长，分枝性强，第 1 雌花着生在主蔓第 9 叶节。瓜梨形，外表浅绿色，成熟瓜白绿色，具有不规则的棱沟，无刺毛，肉质致密且脆，含水量较少，品质好。单果重 250g，亩产量可达 3000～3500kg。

三、佛手瓜栽培季节和茬口

露地栽培，3 月中旬在温室或阳畦中播种育苗，4 月下旬晚霜后露地定植，8 月份可采收上市。也可在 4 月下旬露地直播。大棚或温室栽培时，可于 2 月下旬至 3 月上旬育苗或直播，在大棚或温室早春种植黄瓜等蔬菜的同时，将佛手瓜种在大棚内立柱下的田埂上或大棚外距温室 1m 处。当瓜甩蔓时，其他蔬菜已经拉秧，揭去薄膜，让佛手瓜沿棚架攀缘，棚下可种植速生绿叶菜，秋季可种芹菜、食用菌等，此栽培法无须搭架，且早熟丰产。

四、佛手瓜栽培技术

（一）佛手瓜的育苗技术

1. 种瓜育苗

（1）催芽。佛手瓜是典型的"种瓜得瓜"的蔬菜。选择个大、无病、无伤的种瓜，在首端的合缝处用刀切个口，装入 25cm×15cm 的塑料袋中，码到筐中，也可以直接埋入河沙中，底层铺上 3cm 左右，上覆盖上 3cm，然后放到 15～20℃的环境下催芽。温度不能太高，以防芽子细弱不壮。经 15 天左右，种瓜由首端合缝处开裂长出根系，子叶张开后即可进入育苗阶段。

（2）育苗。用肥沃、洁净的园田土和细沙各 50%，混合均匀，加水至湿而不沾手为度。装入直径 20～30cm、高 20cm 的塑料桶或花盆中，然后把发芽的种瓜芽端朝上直立或斜立置于其中，上盖 4～6cm 的配合土，搬到温室中进行育苗。

育苗过程中要严格控制浇水，以防烂瓜。只要叶片不萎蔫就不要浇水，如特别旱可浇小水。如幼苗顾长，可在 4～5 片叶时摘心，促使发生侧枝。侧芽萌发出来以后，保留其中比较好的 2～3 个，对于弱苗，要通过控制温度、增加光照、提高地温等措施促其转壮。

2. 光胚育苗

光胚育苗的特点是出苗速度快、出苗率高、病害感染少，同时又降低了育苗成本和便于交流种子。

（1）选种。选用单果重 200～300g，瓜龄 25 天左右，成熟好，无损伤、病虫的果实作种瓜。

（2）灭菌。将没有发芽的种瓜在 25% 多菌灵可湿性粉剂 200 倍溶液中浸蘸一下，取出晾干，进行催芽，如果种瓜已经出芽，可用刷子蘸药进行涂抹，不要遗漏，但不能涂到芽子上。

（3）催芽。方法有两种，一是把种瓜放进塑料袋内，折叠封严口，放到 15～20℃的环境下催芽。这种方法可将种瓜侧放，使种瓜首端的大合缝与地面垂直，有利于种瓜的开缝出芽。经过 15～20 天，种瓜便会陆续裂口，生根出芽，当根系长至 3～5cm、芽长 2cm 左右时，即可转入育苗。二是用细沙催芽，整好沙畦后，将种瓜直立摆入，上覆盖 2cm 厚的细沙，保持沙子的相对含水量为 75％～80％，温度在 15～20℃，当芽长出沙面 5cm 时，即可转入育苗。

（4）营养土的配制和装钵。用肥沃的园田土 2 份、细沙 2 份、充分腐熟的农家肥 1 份，过筛后充分混匀，喷水使相对含水量达 75％左右，选用直径 12cm、高 20cm 的塑料筒，底部封住后扎 2 个畅通的透水孔。

（5）取胚和种胚。取幼芽长 3～5cm 的种瓜，用手轻轻掰着尖端的裂缝，使其增大到 1cm 左右，再轻轻拨动子叶，待整个子叶活动时，将胚整个取出。注意取胚时不要将整个瓜掰成两半，这样剩下的瓜仍可作为商品出售或继续贮放。取出的光胚可以马上播种育苗，也可以在 3～8℃的环境下存放 10～20 天。将营养土装入营养袋（钵）里三四成，轻压后将光胚芽朝上栽入其中，再填入营养土至子叶上 3cm 左右，将袋（钵）摆入温室中育苗。

（6）苗期管理。出苗前的温度掌握在 15～20℃，出苗后降为 10～15℃，以培育壮苗。育苗期间的土壤相对湿度在 70％～80％为宜。光照要充足，如果苗床上覆盖有塑料薄膜，则白天要经常揭开见光。

3. 扦插育苗

提早催芽育苗，培养出多个侧枝健壮的秧苗。3 月上中旬将秧蔓剪下，切成段，每段保留 2～3 个节。把切段的下端在 500mg/L 的萘乙酸溶液中浸蘸 5～10min，取出后扦插到育苗钵或育苗床上。保持一定的湿度，控制温度在 20℃左右。经 1 周左右秧蔓即可恢复生长，10 天后根系伸长，要及时浇水。扦插的成活率一般为 75％～80％。但这样育出的苗子一般较弱，须注意苗期加强根外追肥，定植后也要特别注意加强肥水管理。

（二）佛手瓜的定植方法和定植

1. 定植方法

露地定植须在晚霜过后。若定植到温室，则可提早 2～3 个月。为了赢得时间，必须早动手育苗。

春季在温室里定植主要是为了培养植株，因此，一般不设置专门用来栽培佛手瓜的温室，而是定植在种有冬、春茬或越冬茬作物的温室里。从道理上讲，应该与主栽作物同期定植或推迟 7～10 天，但这要看具体情况。

在温室定植佛手瓜要预先确定栽植的位置。一般是栽到温室的前部，按每亩栽培 10～15 棵计算，不同的温室一般是每相距 7～10m 栽 1 株。最好是在其他作物没有定植前先挖好坑，坑长、宽、深均为 1m。每坑用农家肥 50～100kg，氮、磷、钾复合肥 5kg，分层施入，与土混匀填坑，浇水踏实。定植时，开坑将苗坨栽入，浇水、覆土即可。

2. 定植后的管理

（1）植株调整。当植株长有 40cm 左右时进行摘心，促进侧枝发生。在侧枝中选 2～3 个生长健壮的子蔓，子蔓 1m 长时再行摘心。每个子蔓上选留 3 条孙蔓，其余的萌芽、侧枝要及时掐除。主蔓、子蔓和孙蔓在没有正式上架以前，要用绳向上牵引，不能使之放任下垂。

温室中的主栽作物收获后，撤除棚膜，立即把瓜蔓引上棚架，利用温室的骨架支持佛手瓜的生长。但若计划在秋末再扣到温室里进行秋延生产时，则必须单独为佛手瓜搭上 1 个棚架。棚架要在温室里顺势而搭，呈北高南低之势。北高 1.5～2m，南高 0.8～1m，每株要保持 50～60m² 的棚面。瓜蔓引上棚面以后，要及时掐去卷须，调整枝蔓位置，使之合理分布，以利于通风透光。佛手瓜的枝蔓极性很强，对下垂到架面下的枝蔓要及时扶上去，以免长势下衰或者枯死。

（2）浇水。温室栽培期间，由于在进行前茬作物管理时，已经对秧苗施加了肥水，此时要适当控制，以促进根系深扎。转入露地之后，基本上进入了夏季的高温季节，气温高，生长快，必须要勤浇水，并不断加大浇水量。在根际周围覆盖 10～20cm 的麦秸柴草，可以减少浇水的次数。

入秋以后，植株的生长明显加快，但仍以营养生长为主。进入开花结果以后，特别是开花授粉后 10 天左右，果实的生长速度明显加快，此时更需勤浇水，保持土壤湿润，但不能大水漫灌，遇有积水要及时排出。

（3）追肥。在施足底肥的基础上，分别在 6 月上旬、7 月上旬、8 月上旬进行 3 次追肥。每次每亩开穴追施活性有机肥 200kg。

（4）秋延后栽培。在长江以北的露地条件下，多数地区从白露到霜降气温为 16℃左右，距早霜 10～15 天尚有时间，应将温室的棚膜覆盖上去。至此，转入了秋延后生产的阶段，秋延栽培的目的是使其继续结瓜。

（三）佛手瓜秋延后栽培的管理

1. 严格控制温度

结瓜的适宜温度是 15～20℃，低于 15℃和高于 25℃，会使授粉和瓜的发育受到不良影响。因此在晴朗的白天要严格控制最高温度在 20～25℃，夜间为 12～15℃。扣棚初期，温度不高，必须加大放风，一则使温度不超过上限指标，二则使植株慢慢地适应温室的环境。以后随着外界温度的降低，再逐渐减少放风量和放风时间，进而加强保温，使温室里的最低温度不低于 5℃。

2. 人工授粉

进入温室以后，传粉的媒介大为减少，如不进行人工授粉，佛手瓜会很少结瓜，必须在花盛开的时候采集雄花，剥掉花冠，按照 1 朵雌花放置 1 朵雄花的形式，进行人工辅助授粉。

3. 浇水

温室秋延栽培期间，及时浇水，初期 5～7 天浇一次水，以后随着温度下降，再逐渐延长浇水间隔时间。

4. 叶面喷肥

每隔 7～10 天叶面喷肥一次，在早晨 8～10 时较好，可选用 0.2%浓度的磷酸二氢钾和 0.5%浓度的尿素，或农保赞有机液肥 6 号 500 倍液，或雷力 2000 多功能液肥 1000 倍液。

五、佛手瓜病虫害防治

（一）霜霉病

1. 症状

由鞭毛菌亚门的古巴假霜霉菌侵染引起的真菌病害，主要危害叶片。保护地栽培时易发生此病。发病初期，叶面叶脉间出现黄色褪绿斑，后在叶片背面出现受叶脉限制的多角形黄色褪绿斑，发病严重时叶片向上卷曲，湿度大时病叶背面生有白霉，即病原菌的孢子囊和孢子梗，而环境干燥时则很少见到霉层。如图 2-2 所示。

2. 传播途径和发病条件

该病菌可在温室或大棚内的活体植株上存活，从温室或大棚向露地植株传播侵染。在温暖地区，田间全年都有瓜类寄主存在，病菌以孢子囊的形式借风雨辗转传播危害，无明显越冬期。病菌萌发温限为 4～32℃，以 15～19℃ 最为适宜。温度低、湿度大易诱发本病的发生。

图 2-2　佛手瓜霜霉病

3. 防治方法

保护地栽培时湿度最好保持在 90％～95％，尤其要缩短叶面结露的时间。发病初期可喷洒 70％乙膦·锰锌可湿性粉剂 500 倍液，或 64％杀毒矾可湿性粉剂 500 倍液，72％杜邦克露可湿性粉剂 800 倍液，50％甲霜铝铜或甲霜铜 500 倍液等。病情严重时，可用 69％安克锰锌可湿性粉剂或水分散粒剂 1000 倍液，每 7～10 天防治 1 次，连续防治 2～3 次，收获前 1 周停止用药。

（二）白粉病

图 2-3　佛手瓜白粉病

1. 症状

高温、高湿是该病发生的重要条件，尤其当高温干旱与高湿条件交替出现时，又有大量白粉菌及感病的寄主，此病即流行。该病发生时，主要危害叶片，叶柄和茎蔓也能染病，但果实受害少。初发病时叶面先产生白色小粉斑，后逐渐向四周扩展融合形成边缘不明显的连片白粉，严重时整个叶面覆一层白色粉霉状物，一段时间后，致使叶缘上卷，叶片逐渐干枯死亡。叶柄和茎蔓染病时，症状基本与叶片相似。如图2-3所示。

2. 防治方法

采用人工大量繁殖白粉寄生菌，即白粉菌黑点病菌进行生物防治。于佛手瓜白粉病发病初期喷洒到植株上面，可有效地抑制白粉病的扩展。发病初期喷洒农抗 120 或武夷菌素水剂 100～150 倍液，隔 7～10 天 1 次，连喷 2～3 次，不仅可防治白粉病，还可兼治炭疽病、灰霉病、黑星病等。也可在发病初期喷洒 20％三唑酮乳油 2000 液，或 60％防霉宝 2 号 1000 倍液，12.5％速保利可湿性粉剂 2500 倍液等，每 7～10 天防治一次。保护地栽培时也可用 5％百菌清粉尘剂，每亩用药量为 1kg。采收前 1 周停止用药。

（三）炭疽病

1. 症状

病菌发育适温为 24℃，湿度越大该病越易流行，在整个生育期内佛手瓜均能染病。叶片染病时，出现圆形或不规则形中央灰白色斑，后病斑变为黄褐色至棕褐色；茎、蔓染病时，病斑呈椭圆形边缘褐色的凹陷斑；果实染病时，病斑圆形或不规则形，初呈淡褐色凹陷斑，湿度大时可分泌出红褐色点状黏质物，皮下果肉呈干腐状，虽可深入内部，但影响不大。如图2-4所示。

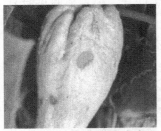

图 2-4　佛手瓜炭疽病

2. 防治方法

加强大棚内的温湿度管理，及时通风排湿，降低棚内湿度；为减少人为传播蔓延，田内各种农事活动都应在露水落干后进行；保护地栽培，可用烟雾法，用 45％百菌清烟剂，亩用量250g，每 7～10 天熏 1 次，连续或交替使用，也可于傍晚用 5％百菌清粉尘剂喷洒，亩用量 1kg。发病初期可喷洒下列药剂：50％甲基托布津可湿性粉剂 700 倍液加 75％百菌清可湿性粉剂 700 倍液，或 50％苯菌灵可湿性粉剂 1500 倍液、2％农抗 120 水剂或 2％武夷菌素水剂 200 倍液，80％大生 M-45 可湿性粉剂 500 倍液，隔 7～10 天 1 次，连续防治 2～3 次。采收前 1 周停止用药。

（四）黑星病

1. 症状

湿度大和连续阴凉是该病发生的重要条件，一般只侵染叶片，叶片染病时病斑圆形或近圆形，大小 1～2mm，褐色，四周组织常为黄色，病叶卷缩不平整，病部生长缓慢，后穿孔，病叶一般不枯死。如图 2-5 所示。

2. 防治方法

加强栽培管理，尤其是定植后至结瓜期控制浇水十分重要。保护地栽培中，要注意温湿度管理，采取措施降低棚内湿度，减少叶面结露，抑制病菌萌发和侵入。保护地栽培时，可用 10％多百粉尘剂喷撒，每亩用量 1kg，或用 45％百菌清烟剂，每亩用量 250g，连续防治 3～4 次。发病初期可喷洒 70％代森锰锌可湿性粉剂 800 倍液或 2％武夷菌素水剂 150 倍

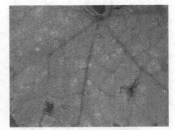

图 2-5　佛手瓜黑星病

液加 50％多菌灵可湿性粉剂 600 倍液，或 75％百菌清可湿性粉剂 600 倍液，或 50％苯菌灵可湿性粉剂 1500 倍液等，每 7～10 天喷洒一次，连续防治3～4次。另外，要加强检疫，严防此病传播蔓延。

（五）叶斑病（叶点霉）

1. 症状

一般只危害佛手瓜的叶片，其他部位未见有发病。病菌以菌丝体或分生孢子器随病残体在土壤中越冬，条件适宜时分生孢子萌发，由佛手瓜叶片的气孔或从伤口侵入，进行初侵染和再侵染，引起植株发病。在高温高湿条件下，此病易发生流行。发病初期，叶片上

产生水渍状小斑点，后逐渐扩展成不规则形或近圆形的病斑。病斑灰白色，中央散生肉眼不易看清的褐色小粒点。发病重的病斑融合成大片，造成叶片早枯脱落。如图 2-6 所示。

2. 防治方法

实行轮作制度，避免重茬，覆盖地膜可减少初侵染源；提倡采用配方施肥技术，增施充分腐熟的有机肥和磷、钾肥料；加强栽培管理，适时适量控制浇水，及时整枝打杈及疏除老叶，以增加其通透性。发病初期可喷洒下列药剂：75％百菌清可湿性粉剂 600～800 倍液，或 70％代森锰锌可湿性粉剂 500 倍液，或 80％新万生可湿性粉剂 600～800 倍液，或 80％大生 M-45 可湿性粉剂 600～800

图 2-6　佛手瓜（叶点霉）叶斑病

倍液，或 50％苯菌灵可湿性粉剂 1200～1500 倍液，或 64％杀毒矾可湿性粉剂 500～600 倍液等，每 7～10 天喷洒一次，连续防治 2～3 次。采收前 5～7 天停止用药。

（六）叶烧病

1. 症状

佛手瓜叶烧病是在保护地栽培中出现的生理病害，多发生在植株中上部叶片上，一般接近或接触棚膜的叶片较易发生此病。发病初期病部的叶绿素明显减少，在叶面上出现小的白色斑块，呈多角形或不规则形，扩大后呈现白色到黄白色斑块，轻的表现为叶缘烧焦，重的则导致半叶以上乃至全叶烧伤。生产上，中午不放风或放风不及时及放风量不够，或高温闷棚时间过长均易发生叶烧病。

2. 防治方法

加强栽培管理，棚内温度不能过高，否则要注意及时通风降温。如遇强阳光照射而棚内外温差大、不便通风时，可采用遮花苦法降温。当棚内温度过高、湿度又低时应少量洒水或喷冷水雾进行临时降温。采用高温闷棚法防治其他病害时，要严格掌握闷棚的温度和时间，防止发生叶烧病。

（七）白粉虱

1. 为害特点

白粉虱属同翅目粉虱科，俗称小白蛾子，成虫和若虫吸食植物汁液，被害叶片褪绿、变黄、萎蔫，甚至全株枯死。且因其繁殖力强，繁殖速度快，种群数量庞大，群聚危害，并分泌大量蜜液，严重污染叶片和果实，往往引起煤污病的大发生，使蔬菜失去商品价值。

2. 防治方法

（1）应以农业防治为主，培育"无虫苗"，辅以合理使用化学农药；可与芹菜、蒜黄等白粉虱不喜食的蔬菜轮作；育苗前彻底熏杀残余虫口，清理杂草和残株。

（2）化学防治。可采用下列药剂：10％扑虱灵乳油 1000 倍液，对粉虱特效；25％灭螨猛乳油 1000 倍液对粉虱成虫、卵和若虫皆有效；天王星 2.5％乳油 3000 倍液可杀成虫、若虫、假蛹；功夫 2.5％乳油 5000 倍液；灭扫利 20％乳油 2000 倍液，连续施用，均有良好效果。

（3）物理防治。利用白粉虱对黄色有强烈的趋性，可在板条上涂黄色油漆，再涂上一层机油（可使用 10 号机油加少许黄油调匀），每亩设置 32 块，置于植株行间，高度与植株高度相同。当粉虱粘满板面时，要及时重涂机油，一般可 10 天左右重涂 1 次。涂油时要注意不要把油滴在作物上造成烧伤。

另外，由于白粉虱繁殖快且易于传播，在一个地区范围内的生产单位应注意联防联治，以提高总体防治效果。

（八）红蜘蛛

1. 为害特点

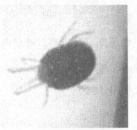

图 2-7　佛手瓜红蜘蛛

红蜘蛛属蛛形纲蜱螨目叶螨科，成、若、幼螨在叶背吸食汁液，使叶片出现褪绿斑点，逐渐变成灰白斑和红斑，严重时叶片枯焦脱落，田块如火烧状。高温低湿时红蜘蛛发生严重。如图 2-7 所示。

2. 防治方法

（1）采取农业防治措施，铲除田边杂草，清除残株败叶，可消除部分虫源和早春寄主；合理灌溉和施肥，促进植株健壮，可提高其抵抗能力。

（2）药剂防治。可喷洒下列药剂：1.8％的农克螨乳油 2000 倍液对其防治效果极好，持效期长，且无药害；此外，可采用灭扫利 20％乳油 2000 倍液、螨克 20％乳油 2000 倍液或水胺硫磷 40％乳油 2500 倍液等进行喷洒。采收前 10 天禁止用药。

（3）还可用生物防治，按红蜘蛛与捕食螨 3∶1 的比例，每 10 天放 1 次捕食螨，投放 2～3 次，可控制其危害。

课后习题

1. 佛手瓜的育苗方法有哪些？
2. 如何做好佛手瓜的植株调整？
3. 佛手瓜的常见病虫害防治方法有哪些？

相关链接

✽佛手瓜炒肉片的制作方法（图 2-8）

原料：

佛手瓜、猪肉片、泡发好的木耳。

辅料：

盐、鸡精、色拉油、香油、葱姜末。

做法：

图 2-8　佛手瓜炒肉片

（1）佛手瓜去皮和核，然后切成菱形小块。

（2）锅放油预热，葱姜爆香。

（3）放入猪肉片翻炒，再放入佛手瓜片与木耳同炒，八分熟时加入鸡精继续翻炒，炒熟后放点儿香油就可以出锅了。

学习任务3 荷兰豆

任务描述

本任务主要学习荷兰豆的特性及生产管理要点，通过本任务学习掌握荷兰豆的育苗、田间管理和病虫害防治技术，学会合理安排茬口，实现全年生产。

荷兰豆属软荚豌豆，俗称食荚菜豌豆，是豆科豌豆属一年生或越冬草本植物，如图3-1所示。原产欧洲南部、地中海沿岸及亚洲中西部，其种荚内果皮的厚膜组织生长迟，纤维很少，嫩荚可食，甜脆可口，主要采收嫩豆荚，成熟时荚果不开裂。目前已是我国西菜东调和南菜北运产业的主要品种之一。荷兰豆的嫩荚、嫩梢、鲜豆粒及干豆粒均可食用，生食、熟食各具风味，是唯一能充当水果生食的豆类特菜，也是涮火锅的珍品菜。

图3-1 荷兰豆

一、荷兰豆的生物学特性

(一) 植物学特征

1. 根

荷兰豆的根系强大，属直根系作物，由于它的主侧根发育旺盛，所以育苗移栽后也易成活。若采用护根育苗，定植后几乎没有缓苗的过程。侧根主要分布在0～20cm的土层中。由于根系分泌物对翌年的根瘤活动和根系生长有抑制作用，故不宜连作。

2. 茎

荷兰豆的茎分蔓性、半蔓性和矮生性。蔓性的蔓长1.1～1.4m，半蔓性的蔓长0.66～1m，矮生性的蔓长在0.66m以下。茎中空，圆形，脆嫩，表面被蜡质或白粉，节部有托叶1对，较大。矮生种节短，茎直立，分枝力弱；蔓生种节长，茎半直立或缠绕，分枝力强，需要立支架。

3. 叶

叶为羽状复叶，有1～3对小叶，小叶呈卵圆形或椭圆形，绿色，有蜡粉，顶生小叶，可变为卷须。

4. 花

花着生于叶腋间，为总状花序。每一花序上有1～2朵小花，矮生品种则为2～7朵。一般早熟品种在5～6节开花，晚熟品种在15～16节开花。荷兰豆是自花授粉作物，在日光温室里栽培时可以正常开花结荚，但若种植蔓性品种，光照不足或温度过高易引起落花落荚。

5. 荚和种子

荷兰豆的种子呈小圆球形，分圆粒种子和皱粒种子两种。种子颜色因品种而异，千粒重 230g 左右，寿命 2～3 年。

（二）生长发育特点

荷兰豆的生长周期短，发育速度快，它的生长发育可分为营养生长与生殖生长两个阶段，包括 4 个生长时期。

1. 发芽期

从种子萌动到第 1 真叶出现，需 8～10 天，豌豆种子发芽后子叶不出土，所以播种深度可比芸豆、豇豆等深一些。发芽时也不宜水分过多，否则容易烂种。真叶出现后，开始进行光合作用，便转入幼苗生长阶段。

2. 幼苗期

从真叶出现至抽蔓前为幼苗期，不同熟期的品种经历时间也不同，一般为 10～15 天。

3. 抽蔓期

植株茎蔓不断伸长，并陆续抽发侧枝。侧枝多在茎基部发生，上部较少，约需 25 天。矮生或半矮生类型的抽蔓期很短，或无抽蔓期。

4. 开花结荚期

采收商品嫩荚的从始花至豆荚采收结束为开花结荚期。留种田的又可细分为开花结荚期、豆荚嫩熟期和豆荚老熟期。早、中、晚熟品种分别在 5～8 节、9～11 节、12～16 节处生花。主蔓和生长良好的侧蔓结荚多。开花后 15 天内，以豆荚发育为主，嫩豆荚应在此时采收，15 天以后则豆粒迅速发育。

（三）荷兰豆对环境条件的要求

荷兰豆属半耐寒性作物，冷凉、湿润、长日照的气候条件有利于其生长发育，荷兰豆对土壤条件的适应性较强。

1. 温度

荷兰豆喜冷凉，在不同的生长时期对温度有不同的要求。种子发芽的最适温度为 16～18℃，在 1～5℃ 的低温条件下出苗率低，出苗缓慢。在 25℃ 以上的高温条件下，出苗率也会下降，而且种子容易霉烂。荷兰豆的幼苗较耐寒，可忍耐短时间的 -6℃ 的低温。营养生长适温为 15～18℃，豆荚形成期适温为 18～20℃ 时，温度高于 25℃ 时，豆荚虽然能提早成熟，但品质变差，产量降低。

2. 光照

荷兰豆是长日性作物，多数品种在延长光照时可提早开花，缩短光照则延迟开花。在较长日照和较低温度同时作用下，花芽分化节位低，分枝多；长日照与高温同期时，分枝节位高。因此，春季栽培时，如果播期晚，则开花节位升高，产量下降。但有些早熟品种对光照时间长短的反应迟钝，即使秋季栽培，也能开花结荚。一般品种，在结荚期间都要求较强的光照和较长的日照时间，但温度不宜过高。

3．水分

荷兰豆在整个生育期间，都要求较高的空气湿度和充足的土壤水分。在种子发芽过程中，需要吸收大量水分，如果土壤水分不足，则出苗慢而不整齐。在开花期如果遇到空气湿度过低，会引起落花落荚；在结荚期若遇高温干旱，会使豆荚硬化，提前成熟，从而降低产量和品质。因此，在整个生长期间，都应供给充足的水分，保持土壤湿润，才能使荷兰豆荚大，高产优质。但荷兰豆又不耐涝，如果土壤水分过多，在出苗前容易烂种，苗期容易烂根，抽蔓至开花期容易引起病害和落花。

4．土壤和养分

荷兰豆对土壤条件要求不严格。但高产优质栽培，应选择疏松肥沃、富含有机质的中性土壤。荷兰豆适宜 pH 为 5.5～6.7 的土壤，如果 pH 低于 5.5，易发生病害，根瘤菌的发育受到抑制，难以形成根瘤。酸性过大的土壤，可施石灰中和。荷兰豆忌连作，轮作年限要求间隔 4 年。

荷兰豆虽然有根瘤，但在苗期固氮能力较弱，必须供给较多的氮素养分。据测定，荷兰豆正常生长发育所吸收的氮（N）、磷（P_2O_5）、钾（K_2O）比例为 4：2：1，所以，荷兰豆施肥应以有机肥为主，配合施用磷肥，还可使用根瘤菌拌种。在基肥中混拌少量速效氮肥，既可促进幼苗生长，又有利于根瘤菌的生长繁殖，对提高产量和品质有重要作用。

二、荷兰豆品种类型

荷兰豆按其茎的生长习性可分为蔓生、半蔓生和矮生 3 种类型。

(一) 蔓生种

1．晋软 1 号

由山西农业大学选育而成。植株高 1.5～2.5m，蔓生需支架，节间长，分枝性强，从茎基部分生 2～3 个侧枝，中部也能分生 4～5 个侧枝，侧枝还可分生第 2 次侧枝。小叶 2 对，黄绿色。主蔓从 17～19 节开始为白色单花。结荚 9～11 个，侧枝结荚 5～7 个。荚长 8～10cm，荚宽 2～2.5cm，荚呈剑形，平直稍弯曲，黄绿色，软荚，爽脆而甜。老熟种子灰蓝绿色，皮光滑，稍有皱缩点。荚豆兼用，鲜荚亩产量可高达 1100～1250kg，干豆粒产量为 150～175kg。千粒重 225g。生长期 85～90 天，为晚熟种。适于露地和保护地栽培。

2．红花中花

广东省地方品种。蔓长 2.0～2.2m，侧枝 3～4 个，主蔓具红色纵线条。叶深绿色，第 13～18 节着生花序。花红色，单生或双生。荚长 10cm，荚宽 1.8cm，荚平直，绿色，单荚重 8.4g。软荚种，品质中等。播种至始收为 85 天，延续采收 60 天，抗寒性强，耐储运。亩产量 600～700kg。

3．台中 11 号

福建省农业优良品种开发公司从亚洲蔬菜研究中心引进的品种。植株蔓生，株高 1.6m，节间短，分枝多。花淡红色，多数花序只结 1 个荚，荚形较平直整齐，荚长

7.5cm，荚宽 1.3～1.6cm，荚厚 0.3～0.6cm，单荚重约 1.6g。嫩荚肥厚多汁，口感清香甜脆，别具风味，是福建省荷兰豆速冻出口的主栽品种。

4. 饶平大花

广东饶平县地方品种，植株蔓生，株高 2～2.5m，节间 110cm，从第 10～12 节位开花结荚，花紫红色，荚长 10～12cm，宽 2.5cm。每株结荚 20 个左右。嫩荚品质好，稍弯。从播种到始收嫩荚为 75 天，抗白粉病能力强，亩产量可达 800kg 左右。

5. 台湾 11 号

该品种是 1984 年经香港引入大陆栽培的蔓生型早熟品种，蔓长 1.5m 以上，花为白色略带紫色，鲜荚扁形稍弯，长 6～7cm，宽 1.5cm，软荚率达 98%，荚色青绿，纤维较少，品质脆嫩，味甜可口。种皮黄白色。该品种畏热耐寒，生长适宜温度为 10～20℃，从播种到始收为 70～80 天，亩产鲜荚可达 800kg 以上。

6. 松岛三十日

引自日本。蔓长约 1.5m。花白色，双花双荚。豆荚中型，长约 8cm，宽 1.5cm 左右。豆荚形状平直，鲜绿色，品质上等，耐储藏，加工后外观好看。该品种适应性强，耐病，耐热，在高温条件下能正常开花，结荚良好，适合夏季栽培。

7. 抗病大荚豌豆

从日本引进的抗白粉病的荷兰豆品种。始花发生在第 13～14 节，花红色。豆荚绿色，荚长 12cm，宽 2.5cm，品质优良。春播时从播种至初收约需 85 天。

8. 法国大荚

由法国引进的品种。植株蔓生，茎叶粗大，株高 2～3m，第 15～17 节开始着生第 1 花序，花白色。嫩荚浅绿色，荚表面凹凸皱缩，不平滑，荚长 6～7cm，荚宽 3～4cm，嫩荚清香，纤维少，品质佳。每荚结种子 5～6 粒，种子特大，为晚熟种，结荚期长，露地从清明前后播种，直至霜降前后植株仍枝叶繁茂。每亩可收鲜荚 1500～2000kg，适宜于北方地区种植。

9. 草原 31 号

青海省农林科学院选育的品种。植株蔓生，株高 1.4～1.5m。分枝较少，苗期生长较快，叶和托叶大。第 1 花序着生在第 11～12 节，花白色，花大，单株结荚 10 个左右，荚长 14cm，荚宽 3.0cm。单荚种子数 4～5 粒，籽粒大，籽粒扁圆形，成熟种子白色，千粒重 250～270g。从出苗至成熟，西北、华北地区春播 100 天左右，秋冬播 150 天左右。该品种适应性强，较抗根腐病、褐斑病、中感白粉病。早熟，每亩嫩荚产量 500～900kg。

(二) 半蔓生种

1. 子宝三十日

从日本引进的优良品种。半蔓生种，蔓长 1.0～1.2m，分枝性强。花白色呈双生，一般出苗后 30 天可出现初花。豆荚小型，长约 6.5cm，鲜绿色，品质脆嫩，风味好。其花梗部位质脆，容易采收。该品种耐寒能力强，也耐高温，在夏季高温条件下结荚良好，春、夏季均可栽培。

2. 阿拉斯加

自美国引进。株高 1m，白花，嫩荚绿色，平均荚长 6.0cm，荚宽 1.5cm，种子圆形，早熟，抗旱，但不耐寒。该品种从播种到收获嫩荚需 60～65 天，到种子成熟需 85～90 天。

3. 京引 92-3

引自日本。植株生长较繁茂，分枝多。结荚部位较低，始花着生在第 4～5 节。花白色。嫩荚青绿色，肉厚，品质较好。春、秋季均可栽培，春季栽培时，从播种至初收约 80 天。该品种早熟，抗病，耐寒力较强。

4. 夏浜豌豆

引自日本。株高 70～90cm。花红色。荚中等大小，纤维少，品质好。耐热性较强，在夏季高温条件下坐荚良好。该品种适应性强，除春季栽培外，还可在秋季保护地栽培，7～8 月份播种，11～12 月份采收。

（三）矮生种

1. 矮生大荚荷兰豆

抗病性较强。株高 60～75cm，茎叶较大，始花节位较低，花白色，荚宽大扁平，一般荚长 10～12cm，宽 2.5～3cm，纤维少，质软。从播种至嫩荚采收约 80 天。亩产鲜荚 750kg。

2. 京引 91-1

从日本引进，株高 70～80cm，分枝 2～3 个，初花节位在第 5～9 节。花白色。嫩荚圆柱形，种子排列紧密，粒大肉厚，质爽脆，味甜，可生吃，品质上等。春播时，从播种至初收约 80 天，可延续采收 20 天左右。该品种对白粉病抗性强，耐寒、耐湿。

3. 京引 92-2

引自日本。株高 70～80cm，分枝 1～2 个，初花节位在第 5～6 节。嫩荚深绿色，圆柱形，肉厚味甜。干种子绿色。从播种至初收约 70 天，春播时可延续采收 20 天；秋播时如果管理好，可延续采收 60 天。

4. 京引 8625

从欧洲引进的荷兰豆中选育出的品种。株高 60～70cm，1～3 个分枝。始花节位在第 7～8 节，花白色。荚圆柱形，长 6cm，宽 2cm，荚横切肉厚，质爽脆。每荚有种子 5～6 粒，排列紧密。老熟后荚近正方形，种子绿色，千粒重 201g。春播从出苗至采收嫩荚约 70 天，可延续采收 20 天。夏、秋季露地栽培，从播种至初收仅 45 天。冬季保护地栽培，9 月上旬播种，11 月上旬开始采收，可延续采收至次年 1 月下旬。该品种对光照不敏感，适应性很强，可排开播种时间，作为全年生产、均衡上市的品种。

三、荷兰豆栽培季节和茬口

荷兰豆适宜在较凉爽的季节或环境条件下栽培，主要栽培季节以春、秋季为主，比较冷凉的地区也可以春夏播种，夏秋季收获。随着节能日光室的发展和遮阳网栽培技术的普及，我国一年四季均可满足荷兰豆的生产条件。

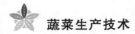

（一）栽培季节

1. 春播夏收

我国北方地区可实行春播夏收栽培。在北方春播栽培时，要在不受霜冻的前提下争取及早播种，因为早播可以有更长的适宜生长季节进行充足的营养生长及分枝，增加生物量，结荚多而肥大，达到增产增收和优质的生产目的。北方春播栽培在土壤解冻后即可进行播种，这时土壤墒情好，有利发芽，一般露地在 3 月中旬播种。但近几年，倒春寒天气频繁，可适当推迟几天播种。塑料大棚可提早播种 10～15 天，日光温室栽培主要从经济效益出发确定栽培季节。

2. 夏秋播种冬季收获

少数地方实行，需在苗期加强管理。

（二）栽培模式

1. 单作

荷兰豆忌连作，故单作时一定要合理轮作倒茬，连作条件下，荷兰豆根系会分泌一种有毒物质，对后茬荷兰豆有毒害，另外，连作可使豆科作物分泌的有机酸不断累积，从而抑制根瘤发育，而且连作会导致病虫害加重，尤其对白花品种更应注重轮作。一般实行4～5年轮作制为宜。

2. 混作

荷兰豆可与小麦、大麦、油菜、蚕豆和大豆等作物混作。这种栽培模式目前在我国北方春播地区普遍采用。混作作物应选择与荷兰豆空间、时间和营养互补，且抗倒伏能力强的作物品种。混作中确定两种作物适合的播种比例，这样对两种作物都有利。两种作物的种植比例应根据土壤肥力、品种类型和地区气候条件而定。一般豆麦比为 2 ∶ 8 或是 2 ∶ 7 为好。土壤肥力差时应适当增加豆的比重，豆麦比以 4 ∶ 6 为宜。

3. 间套作

荷兰豆也适宜与一些高秆宽行作物（如玉米、高粱和马铃薯等）间套种植，常采用宽窄行种植，一般窄行行距 33cm，宽行行距 83cm，中间套种间作 2 行荷兰豆或甜脆豆，行距 17cm 左右。这种栽培模式可免去蔓生种的搭架，直接利用高秆作物茎秆攀缘上架。荷兰豆还可与小麦、大豆套种。与小麦套种 80cm 种 4 行小麦，2 行豌豆，种植比例为2 ∶ 4。与大豆套种种植比例为 4 ∶ 2，即 4 行荷兰豆，2 行大豆，荷兰豆行距 30cm，大豆行距 50cm 左右，晚熟品种可适当加大行距。

（三）栽培方式

1. 春秋季大棚栽培

在塑料大棚起垄覆膜栽培，早春 2 月下旬播种，5 月上旬至 6 月中旬收获。秋季 8 月上旬播种，10 月上、中旬至 11 月上旬收获。

2. 春季露地栽培

3 月下旬播种，5 月下旬至 6 月中旬收获。

3. 冬季日光温室起垄覆膜栽培

夏季冷凉地起垄覆膜栽培。选择夏季气候凉爽的高山、半高山栽培，一般 4 月下旬至

5 月上旬播种，7 月上旬至 9 月份收获。

4. 节能日光温室栽培

四季均可排开栽培，但夏季需扣遮阳网栽培。

四、露地荷兰豆无公害生产技术

（一）合理轮作倒茬

因荷兰豆根部的分泌物会影响根瘤菌的活动和根系生长，引起生长发育不良，所以不要与豆科作物连作，以进行 3～4 年的轮作为宜。尤其白花品种比紫花品种更忌连作，轮作年限应再长些。荷兰豆还可与蔬菜或粮食作物进行间套栽培。在北方它适于在畦埂种植或与茄果类及瓜类间作，特别适宜与玉米等高秆作物间作套种。

（二）整地施肥

荷兰豆的主根发育早，生长迅速。通常，在播种后 6～7 天，幼苗出土之前，主根即可伸长 6～8cm；幼苗出土时，就可长出 10 多条侧根。在整个幼苗期，根系的生长速度也明显快于地上部分。但是，荷兰豆的根系与其他豆类作物相比，还是较弱小的。因此，为了促进根系的发育，必须创造一个良好的土壤环境。要做到精细整地，早施基肥，以保证苗全苗壮。在北方春播时因播期较早，应在头年秋天整地施肥。前茬作物收获后，每亩施用有机肥 3000～5000kg，过磷酸 50～100kg，硝酸铵 10～15kg，氯化钾 15～20kg，将化肥与有机肥混合普施，深耕整平做畦。畦田规格可按荷兰豆的类型确定，矮生种荷兰豆，畦宽可为 100cm 或 150cm；蔓生种畦宽可为 160～200cm。夏季播种的宜做成高畦，防止在雨季畦面积水。播种前应灌足底水。

（三）播种育苗

1. 种子处理

播种前应精选大粒饱满无病虫斑的种子，这是保证苗全、苗壮和丰产的主要环节。可用盐水筛选法精选种子，具体方法是：把种子倒入 40％的盐水中搅拌，捞出漂浮在上面的不充实种子，沉下的好种入选。播前可用二硫化碳熏蒸种子 10min，以防病虫害，或用 50℃的温水浸种 10min。有条件的地方，可采用干燥器温热空气处理种子，处理温度为 30～35℃。通过温热处理能使种子完成后熟过程，打破休眠期，这样出苗整齐，幼苗健壮，花芽分化早，产量也比较高。接种根瘤菌有利于增产。播种前用根瘤菌拌种，方法是：在采收荷兰豆之前，选无病、根瘤多的植株，洗净后放置在 30℃以下的温室中风干，将根系剪下捣碎，装袋存放在干燥处，播种前将它用水浸湿，取 25～30g，可拌种 10kg。用 0.01％～0.03％的铜酸铵或用 0.15～1％的硫酸铜浸种，可促进根瘤菌的生长发育，增加根瘤的数目，提早成熟，增加前期产量。由于豌豆在低温长日照条件下能迅速生长发育，开花结荚，所以也可对种子进行低温长日照处理，豌豆一般经 5℃左右的低温处理，便可有效促进发育。低温处理前需浸种催芽。方法是：在播种前先把种子浸入水中，使种子充分吸水湿润，每隔 9h 换用井水温度的水浸 1 次，约经 20h，催芽 10 天，芽长 5cm 时取出播种。春播地区播种晚时可将吸胀种子放在（5±2℃）下，进行 5～10 天低温处理，待幼芽长 0.5cm 时播种。也可利用冰箱进行低温处理。低温处理有利于降低第 1 花着生节

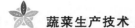

位和促进早开花早成熟。

2. 直播

荷兰豆主要采用园田直播。播种期主要根据不同栽培季节来确定。播种量：矮生种每亩用种 8～10kg，蔓生种每亩用种 5～8kg，同时要按种子千粒重的大小酌情增减。播种方法：矮生种，畦宽 100cm 的，每畦可种 2 行，畦宽 150cm 的，每畦种 3 行，按行距 40～45cm 开沟条播。蔓生种，畦面较宽，每畦播双行，开沟后按株距 10cm 穴播，每穴播 2～3 粒种子。播种后覆土 3～4cm 厚。

3. 育苗

荷兰豆也可以育苗移栽，苗龄 25～30 天，苗高 12～15cm，具 4～5 片复叶时即可定植。育苗移栽可提早采收，增加产量，在人力较充裕时可以采用。

(四) 田间管理

1. 中耕除草

幼苗出齐后，应及早中耕、松土，以提高地温和保持土壤水分，有利于土壤微生物的活动，促进幼苗生长，并可控制杂草滋生。一般结合灌水中耕 1～2 次。固定苗株，以防倒伏及露根，一般在株高 5～7cm 时进行第 1 次中耕，株高 10～15cm 时进行第 2 次中耕，结合进行培土。第 3 次中耕要根据荷兰豆生长情况，灵活掌握。后期茎叶繁茂，中耕易损伤植株，对垄畦草可人工轻轻拔除。

2. 搭架引蔓

荷兰豆蔓生种和半蔓生种攀缘性较强，一般都需进行插架栽培，当幼苗茎蔓长到 20～30cm，要及时用竹竿等架材进行插架搭架，也可在豆田的两头定桩，沿垄向拉铁丝，用固定在铁丝上的绳子吊蔓栽培，使荷兰豆的蔓沿绳向上攀缘生长，并定期进行绑蔓牵引。为经济有效地进行无公害生产，吊蔓绳采用银色塑料绳为宜，既可使茎蔓均匀分布在空间以利开花结荚，又达到驱避蚜虫的效果。行间保持通风透光，使其生长发育正常。否则茎蔓横卧地面，不仅田间管理和采收不便，而且下部茎叶容易腐烂招致病害。搭架后通风透光好，茎蔓粗壮，基部腐烂现象减少，结荚多，籽粒饱满，产量可提高 1 倍以上。荷兰豆蔓攀缘性不很强，有时要进行适当的绑蔓。有的品种在株高 30cm 时需要摘心，以促生侧枝，增加开花数与提高结荚率，摘下的嫩尖可供食用。

3. 追肥

荷兰豆除施基肥外，还要进行适当的追肥，苗期适当追施氮肥，促进生根和茎叶生长，生长后期应以磷肥和钾肥为主，特别是磷肥，因为荷兰豆对不易溶解的磷肥有较高的利用率。磷肥可以促进荷兰豆籽粒成熟，还可以改善其软化品质，施用后增产、改善品质效果显著。一般第 1 次追肥在苗高 5～10cm 时进行。吐丝期结合灌水每亩施尿素 10～20kg，也可用人粪尿追肥。开花结荚期可结合浇水追施适当氮肥和磷肥，增加结荚数，也可用浓度为 500～1000 倍的磷酸二氢钾叶面喷施，对改善籽粒品质和增产都有效果。另外，豌豆在开花结荚期根外喷施磷肥及硼、锰、钼、锌等微量元素肥料，增产效果十分显著。

4. 灌溉与排水

荷兰豆耐旱性差，整个生育期需要较适宜的空气湿度和土壤湿度。在生长期间应注意水分的管理。播前浇足底水。播种后如遇干旱，需及时浇水，以利幼苗出土。苗期一般较耐旱，需水量比较少，可适当浇 1 次水，每次浇水后及时中耕松土。进入开花结荚期，需水量增加，不可缺水，可根据土壤墒情 3～4 天浇 1 次水。浇水应结合追肥进行。对灌溉的次数没有严格规定，土壤干旱就要随时浇水，特别是进入花荚期之后，要保证鼓粒灌浆对水分的需要。一般干旱时于开花前浇 1 次水，结荚期浇水 2～3 次。荷兰豆也不耐涝，如遇大雨要及时排除田间积水，以免烂根。

五、荷兰豆病虫害防治

（一）白粉病

白粉病是荷兰豆的重要病害。一般在荷兰豆收获期间流行，可减产 20％以上。

1. 症状

发病初期叶面有淡黄色小斑点，后小斑点扩大成不规则形粉斑，严重时叶片正反面均覆盖 1 层白粉，最后变黄枯死。发病后期粉斑变灰色，并生出许多小黑粒点。如图 3-2 所示。

2. 发病条件

为真菌病害。病菌由分生孢子和菌丝体在病残体

图 3-2　荷兰豆白粉病

上越冬。借助风雨传播。田间侵染最适温度为22～24℃，往往因田间潮湿结露、植株徒长或长势衰弱等引起发病。

3. 防治方法

（1）加强栽培管理：采用避免重茬、施足基肥、合理密植、加强通风透光等措施，均可提高植株抗病力。

（2）药剂防治：可在发病初期用下列药剂喷雾防治：25％三唑酮可湿性粉剂 2000～3000 倍液，或 10％苯醚甲环唑水分散粒剂 2000 倍液，或 40％氟硅唑 8000 倍液，每隔 7～10 天喷 1 次，连喷 2～3 次。

（二）豌豆象

1. 为害状况

豌豆象寄主单一，仅为害豌豆类，如图 3-3 所示。幼虫蛀食籽粒时，能把种子吃成空洞，受害豌豆表面多皱纹，带淡红色，种子发芽受到严重影响，且有异味难以食用。

2. 活动规律

豌豆象一年发生 1 代，春季 4～5 月份豌豆开花期间越冬成虫在豌豆上产卵，初孵幼虫即蛀入豆粒。幼虫期 37 天。

图 3-3　豌豆象

3．防治措施

（1）选择品种：选用早熟品种，使其开花、结荚期避开成虫产卵盛期，减轻其受害。

（2）药剂防治：实施田间药剂防治时，可在盛花期喷药，可选用下列药剂：2.5％联苯菊酯乳油 1000～1200 倍液，或 2.5％溴氰菊酯乳油 5000 倍液等。

课后习题

1. 荷兰豆对环境条件的要求有哪些？
2. 简述荷兰豆的田间管理措施。
3. 简述荷兰豆的病虫害防治方法。

相关链接

❈食用功效

（1）荷兰豆及其豆苗中含有较为丰富的膳食纤维，具有防止便秘、清肠的作用。

（2）荷兰豆能益脾和胃、生津止渴、和中下气、除呃逆、止泻痢、通利小便。

（3）经常食用荷兰豆，对脾胃虚弱、小腹胀满、呕吐泻痢、产后乳汁不下、烦热口渴均有疗效。

（4）荷兰豆对增强人体新陈代谢功能有十分重要的作用，是西方国家主要食用蔬菜品种之一。

（5）由于荷兰豆营养价值高，风味鲜美，并具有延缓衰老、美容保健功能，在美国、加拿大、澳大利亚、新加坡、马来西亚、中国香港等市场十分畅销。

❈制作指导

（1）荷兰豆的嫩荚、嫩梢、豆粒可做汤或炒食，干豆粒可油炸、煮食，味道清香。嫩豆又是制作罐头和速冻蔬菜的主要原料，嫩梢为优质鲜菜。

（2）荷兰豆必须完全煮熟后才可以食用，否则可能发生中毒。

（3）荷兰豆是荚用豌豆，炒食后颜色翠绿，清脆利口。

❈相关人群

（1）一般人群均可食用。

（2）脾胃虚弱、小腹胀满、呕吐泻痢、产后乳汁不下、烦热口渴者食用更佳。

❈精选妙藏

（1）翠绿新鲜、籽粒饱满为宜。

（2）放置时间过久发蔫的不宜选购。

（3）低温存储。

学习任务 4 京水菜

任务描述

本任务主要学习京水菜的特性及生产管理要点，通过本任务学习掌握京水菜的育苗、田间管理和病虫害防治技术，学会合理安排茬口，实现全年生产。

京水菜全称为白茎千筋京水菜，如图 4-1 所示，是 20 世纪 80 年代末期从日本引进的一种外观新颖别致、富含矿物质营养丰富、高钾、低钠的特菜新品种，外形介于不结球小白菜和花叶芥菜（雪里蕻）之间，十字花科芸薹属白菜亚种的一个新育成新品种。首先在北京郊区的特菜基地种植，以后面积不断扩大，上海、青岛、济南、沈阳等地也陆续引种发展，目前山东、辽宁、吉林、河南、山西、陕西、河北、江苏、湖北等 20 多个省的大、中城市的示范园区和特菜基地均有种植。

图 4-1 京水菜

京水菜营养丰富，据测定，每 100g 可食部分含蛋白质 2.8g、维生素 A 1.46mg、维生素 C 53.9mg、钙 185mg、钾 265mg、钠 26mg、镁 40mg、磷 290mg、铜 0.13mg、铁 2.51mg、锌 0.52mg、锰 0.32mg、锶 0.93mg。经常食用具有降低胆固醇，预防高血压、心脏病的保健功能；还有促进肠、胃蠕动帮助消化的作用。

京水菜品质柔嫩，口感清香，有凉拌、炒食、涮火锅、腌制等多种食用方法，深受各阶层消费者的欢迎。在宾馆、饭店、酒楼、超市和节日礼品菜等市场，消费需求量不断扩大，市场较好。

一、京水菜的生物学特性

（一）特征特性

京水菜是浅根性植物，主根圆锥形，须根发达，再生力强。在营养生长期为短缩茎，叶簇丛生于短缩茎上。茎基部具有极强的分株能力；每个叶片腋间均能发生新的植株，重重叠叠地萌发新株而扩大植株，使植株丛生，一般每株有叶片 60～100 个，多者可达 300 个以上，单株重可达 3～4kg，株高 40～50cm。叶片齿状缺刻深裂成羽状，绿色或深绿色。叶柄长而细圆，有浅沟，颜色因品种而不同，有白色或浅绿色。长角形果，内有种子 10 多粒，种子近圆形，黄褐色，千粒重 1～2g，发芽力可保持 3～4 年。

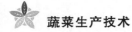

（二）对环境条件的要求

1. 温度

京水菜喜冷凉的气候条件。发芽适宜温度为22～25℃，最低10℃、最高30℃能发芽；幼苗期和茎叶生长期适宜温度为18～23℃，夜间8～10℃。低于12℃和高于30℃生长缓慢，低于10℃和超过35℃生长停滞。地温15～18℃适宜根系生长，低于10℃、高于25℃时，生长缓慢。

2. 光照

长日照作物，长日照能促进其抽薹开花，光照充足有利于植株生长，使叶片厚，分枝多，产量高。

3. 水分

喜湿润的土壤环境条件，需水量较多，不耐干旱，也不耐涝，生长期间切忌浇水量过大。

4. 土壤和营养

适宜有机质丰富、排灌良好、疏松肥沃的壤土种植。因生长量大，需充足的营养供应。整个生长期要求充足的氮肥供应，幼苗期对磷十分敏感，苗期缺磷会引起叶色暗绿和生长衰退、分枝力弱。钾肥可促进光合产物运转和积累，提高产量和品质。氮、磷、钾应配合施用，其吸收比例为1∶0.4∶0.9。另外，还需补充微量元素。

二、京水菜品种类型

目前京水菜分为3种类型，应根据不同季节和消费者的要求来确定品种，每亩用种量10～20g。

1. 早生京水菜

植株较直立，叶的裂片较厚，叶柄为奶油色，早熟，适应性强。较耐热，品质柔嫩，口感好，适宜春、秋露地种植，也可在夏季冷凉地区种植。

2. 中生京水菜

叶片绿色，叶缘锯状缺刻。深裂成羽状，叶柄白色有光泽，分枝力强、单株重3kg左右，冬性较强。不易抽薹，耐寒性好，适宜北方地区冬季保护地栽培。

3. 晚生京水菜

植株开张度较大，叶片浓绿色，羽状深裂，叶柄白色柔软，耐寒力强，不易抽薹，分枝力强，耐寒性比中生种强，产量高，但不耐热，适宜冬季保护地种植。

三、京水菜栽培季节和茬口

各地气候条件不同，茬口安排不同。以华北地区为例有以下5个茬口。

1. 春保护地

1～2月育苗，2～3月定植，4月底至7月初收获。

2. 春露地

3月初育苗，4月初定植，6～7月收获。

3. 冷凉地区夏季栽培

4～5月育苗，6月定植，8～9月收获。

4. 秋露地

8月上、中旬育苗，9月上、中旬移栽，10月中、下旬收获。

5. 秋、冬保护地

9月上旬至10月上旬陆续播种，幼苗6～8片叶时定植，12月上旬至翌年2月下旬陆续采收。

四、京水菜栽培技术

（一）秋露地栽培

1. 培育壮苗

京水菜种子粒小，苗期生长缓慢，且小苗纤秀，适宜育苗移栽，种子价格又相对比较贵，所以对播种的质量要求比较高。苗床应选择保水、肥能力强的肥沃壤土，播种前7～10天深翻晒垡，然后按10m²苗床施用充分腐熟有机肥20kg、磷酸二氢钾0.3kg，均匀撒施地面，耕翻10～12cm，搂耙平后踏实。在苗床浇透水后，撒层过筛细土，然后播种，为防止秧苗徒长而形成高脚苗或弱小苗，播种不宜太密，每平方米苗床播种0.5g左右为宜，因种子粒小，为播种均匀需要将种子分二次撒播，然后覆盖过筛细土0.5cm。播后保持床温25℃以下，并保持畦面湿润。如温度过高，中午应覆盖遮阳网，并顺沟浇水，创造一个阴冷湿润的环境。出苗后适宜温度为白天18～20℃，夜间8～10℃，以利定植时带土坨。苗龄30天左右，有6～8片真叶，叶色深绿，根系发达即可定植。

有条件单位尽量采用穴盘育苗方法，以草炭、蛭石为基质，根系发育好，成活率高，有利于培育壮苗。

2. 整地

定植选择前茬不是十字花科作物的地块，前茬作物收获后，清除地面杂草及残枝枯叶，施用有机肥后，耕翻耙细整平，做成宽1.3m、长8m左右平畦。起苗时，应尽量少伤根，带大土坨，定植时间以下午或傍晚为宜，避免气温过高或日灼萎蔫。

栽植密度：采收嫩叶及辦收分生小株的，栽培密度大些，行距30cm、株距20cm，每亩10 000株左右。若一次性采收大株的，密度小些，行距40cm、株距30cm，每亩5500株左右。

注意不要栽植过深，小苗的叶基部均应在地表面，如果过深会影响植株生长及侧株的萌发，有时会引起烂心。

3. 田间管理

（1）中耕除草。京水菜前期生长慢，不间种的地块要及时中耕除草1～2次，中耕由浅变深。

（2）浇水。定植后2～3天宜再浇1次缓苗水，以保持小苗不萎蔫。然后中耕蹲苗15天左右。待心叶变绿，再开始浇水，以后根据天气和墒情浇水，一般每隔5～10天浇1次水，常保土壤湿润，但注意每次浇水量不要过大。

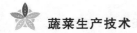

（二）秋、冬温室栽培要点

京水菜在日光温室里可分期分批连续多茬栽培，也可作为主栽作物的前后茬，或间作套种栽培，或在冷凉隙地插空栽培。

1. 育苗

（1）种子处理。将种子在 15～25℃温水中浸泡 2～3h。然后放在 15～25℃的环境条件下催芽，经 24h 即可出芽。也可干籽直播。

（2）播种。用 128 穴的穴盘育苗，以草炭和蛭石为基质，有利于根系生长和培育壮苗，栽植时能提高成活率。草炭和蛭石比例为 2∶1，每立方米基质加 150g，50%多菌灵，1kg 氮、磷、钾三元复合肥，混合均匀后装盘待用。先将苗盘内基质浇透水，然后播种，每穴 2 粒种子，播后覆 1～1.5cm 厚的蛭石，再浇水后放入工育苗床。每亩用种 10g 左右，需苗盘 750 个（按千粒重 1.6g，亩栽 6000 株计算）。

播种后白天温度控制在 25℃左右，晚间 15～20℃，苗出齐后，叶面无水滴时在苗床上撒一层薄土，弥补裂缝。过于拥挤的苗要进行 1～2 次间苗，最后达到苗距 2.5cm。幼苗期不旱不浇水，旱时浇小水。播后 30 天左右，苗子长到 6～8 片叶时即可定植，定植前 6～7 天降温控水，进行炼苗。

也可采用普通育苗方法，每亩温室需苗床 15m²，宜精细整地，每平方米施腐熟细碎有机肥 10kg，与土壤充分掺匀，整成宽 1.3m、长 5～6m 的平畦，浇足底墒水，待水渗后播种，每平方米撒种 1g 左右。因种子粒小，可与粗沙混合后再分 2 次撒匀，覆过筛细土 1cm 厚，待 2～3 片叶时分苗一次，间距 6cm×8cm，在 6 片叶左右定植。

2. 整地与定植

前茬收获后，将植株残体和杂草清除干净。每亩撒施腐熟细碎有机肥 3000kg，耕翻深度 20～25cm，整平、整细后做成 1.3m 宽、6～8m 长的平畦，每畦定植 5 行，平均行距 43cm，株距 30～50cm，每亩定植 3000～5000 株，采收大株的行株距要大。注意定植不要过深，叶基部应在地面以上，带土坨定植，栽后及时浇水。

3. 田间管理

（1）中耕除草。缓苗后中耕 2 次，深度由浅入深，以促进根系生长，并及时拔除杂草。

（2）浇水。缓苗后蹲苗 12～15 天，以后 7～10 天浇 1 次小水，常保土壤湿润，避免干旱，尤其在分生侧株时要保证水分供应，但要注意京水菜忌涝，田间不宜积水。

（3）调节温度。保护地温度调节十分重要，白天适宜温度为 18～25℃，夜间 10℃左右，冬季做好保温防寒和放风工作。

（4）增加光照。冬季要经常清扫棚膜上的灰尘和碎草，一般晴天阳光照到前屋面时应揭苫，下午室温降到 18℃时应盖苫，雨雪天只要揭苫后温度不下降就应打开草苫。

（三）营养液膜栽培技术

1. 育苗

（1）种子处理。将种子在 15～25℃清水中浸泡 2～3h，然后放在 15～25℃的条件下催芽，经 24h 即可出芽。

（2）制作岩棉育苗块。选择国产农用岩棉的散棉，铺在育苗盘中，将催芽的种子播种在散岩棉上，喷施 1/2 剂量的营养液，保持基质湿润。

（3）苗期管理。育苗期间浇灌 1/2 剂量的营养液，保持各个育苗块呈湿润状态，育苗盘略见薄薄的水层。育苗温度应控制在 8～20℃，最好为 15～18℃。

2. 定植

选用适宜的营养液膜栽培床，并配备营养液自动供液系统，按栽培床 60～70 株/m² 的密度在定植板上打孔定植。

3. 定植后管理

选用栽培生菜的营养液配方，定植后营养液的浓度逐渐提高，随植株的生长，从 1/2 剂量提高到 2/3 剂量，最后为 1 个剂量。白天每小时供液 15min，间歇 45min；夜间每 2h 供液 15min，间歇 105min，由定时器控制。营养液的电导度控制在 1.4～2.2ms/cm，pH 控制为 5.6～6.2。平时及时补充消耗掉的营养液，每 30 天将营养液彻底更换一次。

4. 采收

可采收小苗食用，也可在定植后 20 天、株高 15cm 以上已长成株丛后采收。

（四）春露地栽培技术

春露地播种育苗期为 2 月中下旬，定植期为 3 月下旬至 4 月上旬。

1. 育苗

因种子粒小、苗期生长缓慢，宜精细整地，每亩用种 10～20g，需苗床 10～15m²，覆土 1cm 厚。2～3 片叶时分苗一次，间距 6cm×80cm，6 片叶左右定植。用 128 穴或 288 穴的穴盘育苗，根系发育好，成活率高。

2. 定植

每亩施用腐熟细碎有机肥 3000kg，整平整细后做成 1.3m 宽、6～8m 长的平畦，夏、秋季节采收小株的，密度要大，株、行距 20cm×20cm，每亩 15 000 株。冬季保护地采收大株的，密度要小，行距 50～60cm，株距 40～50cm，每亩 2000～3000 株。定植不要过深，叶基部应在地面以上，注意带土坨定植。

3. 田间管理

缓苗中耕 1～2 次，及时除草，前期 7～10 天浇 1 次小水。开始分生侧株时要保持土壤湿润，避免干旱，并每隔 15～20 天穴施一次肥，每亩施膨化鸡粪 100kg 或氮、磷、钾三元复合肥 20kg，深度 5cm 以上。

4. 收获

植株长至封垄，品质鲜嫩时整株剪下出售，也可在生长期间拔除嫩株上市，并可以陆续剥取外部嫩叶，捆扎后上市，但一次不要过多。

（五）京水菜平衡施肥技术

1. 施肥原则

为使蔬菜生产可持续发展，在蔬菜施肥上必须加大推广平衡施肥的力度，提高科学施肥的水平，要搞好平衡施肥工作应做到以下几点：

（1）了解京水菜的营养特性和施肥特点，作为科学施肥的依据。

（2）针对土壤养分状况的变化调整施肥方案，切实解决施肥中存在的问题。

（3）采取相应的施肥对策，防止化学污染和有害生物污染，为生产无公害的产品提供技术支撑。

2. 基肥

每亩施入充分腐熟、细碎的有机肥 2000kg 以上，在耕地前施入，如肥源有困难也可用伊特活性有机肥 800kg。

3. 追肥

（1）缓苗后每亩穴施一次伊特活性有机肥 200kg，施在根系周围，深度 5cm 以上，并结合浇水。

（2）秋、冬季保护地种植中的晚生种，应再追施 1～2 次肥，每次每亩穴施氮、磷、钾三元复合肥 20kg，结合浇水进行。

（3）生长期间叶面喷肥 2～3 次，每次 0.2％磷酸二氢钾 1800～2700g，在上午 8～10 时或下午 3～6 时喷肥效果好。

（六）京水菜采收及采后处理

1. 小株采收

早生种夏秋季种植，定植后 30 天即可陆续采收上市，中生种和晚生种也可在早期间苗采收上市。采收后，剪去根部，捆把或托盘包装出售。

2. 大株采收

中、晚生种在冬季定植后 100～120 天，单株重 2kg 以上时，去掉黄叶即可上市。如需储存，在 0～2℃温度条件下，相对湿度 80％～90％，避光条件可存放 10～20 天。

五、京水菜病虫害及防治

（一）病毒病

病毒病又称花叶病。病毒病为京水菜主要病害，分布广泛，发生较普遍。保护地、露地种植都可能发生，春、夏、秋季均可发病，以夏秋发病最重，严重地块病株可达 30％以上，苗期最易感病，发病越早，受害越重，秋季栽培时，播种过早，水肥条件不良时，发病严重，显著影响产量和品质。

1. 症　状

此病在幼苗期至生长期均可发生。多发生在幼嫩叶片，出现明脉或不规则褪绿。以后呈明显花叶，有的叶片出现颜色深浅不均，叶面凹凸不平，畸形皱缩。重病植株生长受抑制，裂叶变窄或呈线条状，植株矮缩，最后变黄枯死。

2. 发病规律

温暖地区病害常年发生，无明显越冬现象。北方菜区初侵染主要来自十字花科蔬菜和野生寄主，主要通过桃蚜、菜缢管蚜、甘蓝蚜等迁飞传播，也可通过病毒汁液接触传毒。此外，新近研究发现芜菁花叶病毒和黄瓜花叶病毒有自然非蚜传株系存在。芜菁花叶病毒主要在豆瓣菜、鹅肠菜、天蓬草、碎米芥、野油菜、芥菜等多种十字花科寄主上越冬和越夏。高温干旱时，蚜虫数量多，病害发生严重。

3．防治方法

（1）秋季栽培时，勿播种过早。并加强苗期水肥管理，促进植株早发快长，增强植株抗耐病能力。

（2）及时喷药灭蚜，减少蚜虫传毒。

（3）药剂防治：①发病初期喷施 1.5％植病灵乳剂 1000 倍液，或 20％病毒 A 可湿性粉剂 500 倍液。②0.5％抗毒剂 1 号水剂 300 倍液。③10％的 83 增抗剂（混合脂肪酸水剂），每公顷用 9000ml 兑水 100 倍喷洒。

（二）黑斑病

1．症　状

危害叶片和叶柄时，产生圆形或近圆形灰褐色斑，斑上有明显同心轮纹。危害茎时，茎上生有黑色霉状物，病斑周围有黄色晕圈。严重时，叶片、叶柄枯死，外叶脱落。

2．防治方法

（1）播前用 50℃温水浸种 20min，进行种子消毒。

（2）发现病株时，及时喷洒 75％百菌清可湿性粉剂 500～600 倍液，或 70％甲基托布津可湿性粉剂 300 倍液，二者混用效果更好。每隔 7 天喷 1 次，连续防治 2～3 次。

（三）软腐病

软腐病为京水菜的一般性病害，分布广泛，发生普遍。保护地、露地都发病，通常病株零星，发病率 5％～10％。严重时造成植株成团或成片坏死，明显影响京水菜产量和品质。

1．症状

此病全生长期都发病，可侵染植株的各个部分。多从根茎部开始侵染，病部初呈水浸状，灰白色至湿绿色，迅速向上下发展，使叶柄或根茎软化腐烂，叶片瘫倒坏死，释放出恶臭气味。叶片染病，多从伤口处开始侵染，呈水浸状软腐，空气潮湿时，迅速向各方向发展，短期内使整片叶腐烂坏死。空气干燥时，病叶呈灰绿色萎蔫干枯。

2．发病规律

病菌主要在病株及土壤肥料中的病残体上越冬，或在其他蔬菜上继续危害过冬。通过浇水、施肥或昆虫传播，由植株的伤口、生理裂口浸入。病菌生长温度为 4～39℃，最适温度 25～30℃。田间水肥管理不当、害虫数量多或因农事操作等造成的伤口多时发病严重。

3．防治方法

发病初期选用 47％加瑞可湿性粉剂 800 倍液，或 50％可杀得可湿性粉剂 500 倍液，或新植霉素、农用链霉素、硫酸链霉素 200mg/kg 液喷雾，根据病情 7～10 天防治一次，视病情 1～3 次。

（四）菌核病

菌核病为京水菜的一般性病害，主要在老菜区保护地内发生分布。通常零星发病，严

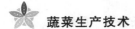

重时发病率达30％以上，病株成片腐烂坏死。

1. 症状

此病主要侵害植株基部。病部呈水渍状软腐，在其表面产生浓密的絮状白霉，迅速向各个方向发展蔓延，短时期内致整株瘫倒坏死，最后形成鼠粪状菌核。

2. 发病规律

病菌以菌核和病残体遗留在土壤中越冬。北方地区3～4月气温回升到5～30℃时，只要土壤湿润，菌核就萌发产生子囊盘和子囊孢子。子囊盘开放后子囊孢子萌发，先侵害植株根茎部或基部叶片，受害病叶与邻近健株接触即可传播。菌核本身也可以产生菌丝直接侵入茎基部或近地面的叶片。发病中期，病部长出白色絮状菌丝形成新的菌核萌发后进行再次侵染，发病后期产生的菌核则随病残体落入土中越冬。土壤中有效菌核数量对病害发生程度影响很大，新建保护地或轮作棚室中残存菌核少，发病轻，反之发病重。菌核形成和萌发适宜温度分别为20℃和10℃左右，并要求土壤湿润。空气湿度达85％以上病害发生重，在65％以下则病害轻或不发病。

3. 防治方法

发病初期先清除病株病叶，再选用65％甲霉灵可湿性粉剂600倍液，或40％菌核净可湿性粉剂1200倍液，或40％菌核利可湿性粉剂500倍液，或45％特克多悬浮剂800倍液喷雾，重点喷洒茎基和基部叶片。保护地采用10％多百粉尘剂或万霉灵粉尘剂喷粉防治，用量每公顷15kg。

（五）菜蚜

1. 危害特点

菜蚜喜食十字花科白菜类及芥菜类植物汁液而造成叶片尤其心叶卷缩，植株生长不良。同时产生的蜜露、蜕皮等排泄物会污染叶面，造成商品质量下降。另外菜蚜传播病毒造成的危害往往大于蚜害本身。

2. 生活习性

在北京地区一年发生10余代。春末夏初及秋季是其为害高峰期，秋冬季可随植株移入保护地继续生存为害。

3. 防治方法

因菜蚜繁殖快，蔓延迅速，必须及时防治。

（1）利用黄板诱杀，挂板高度与株高相平。

（2）药剂防治：药剂尽量选用氨基甲酸酯类药剂，因这类农药对蚜虫有高度的选择性，兼具触杀、胃毒、熏蒸三种作用。对蚜虫不仅有特效，而且有速效性，有强选择性，对菜田其他昆虫乃至天敌昆虫、高等动物无毒害，属无污染类农药，有助于无公害蔬菜的生产。①50％抗蚜威可湿性粉剂4000～8000倍液喷雾，每公顷用量150～300g。②25％辟蚜雾水分散粒剂2000～3000倍液，每亩用量20～36g。③10％一遍净（吡虫啉）可湿性粉剂1000～2000倍液喷雾，每亩用量40～70g。

（六）白粉虱

1. 危害特点

成虫和若虫群聚叶背吸食汁液，被害叶褐绿萎蔫、黄化，甚至整枝枯死。由于成虫、若虫排泄蜜露，其上腐生煤污菌，长一层黑褐色霉，使植株生长受阻，且降低商品性，其损伤甚至超过虫直接为害。该虫还传播黄瓜黄化病毒病。

2. 形态特征

雌成虫体长 1～1.5mm，雄虫略小，淡黄色。虫体和翅覆盖白色蜡粉。停息时双翅在体上合成屋脊状。卵长约 0.2mm，基部有卵柄，从叶背面气孔插入植物组织内，初淡绿色，后呈黑色。3 龄若虫体长约 0.5mm，扁平，椭圆形，黄绿色，紧贴叶片营固定生活。伪蛹又称 4 龄若虫，体长 0.7～0.8mm，椭圆形，黄褐色，体侧有刺。

3. 防治方法

（1）利用黄板诱杀。

（2）药剂防治：白粉虱重叠发生，目前尚无所有虫态都有效的药剂，所以必须在发生初期连喷几次药，并且在早晨露水干前进行。①扑虱灵（来幼酮、稻虱净）10％乳油 1000 倍液或者可湿性粉剂 1500～2000 倍液，若成虫数量较多混用 2.5％天王星乳油 3000 倍液。②25％阿克泰水分散粒剂 2500～5000 倍液喷雾。③40％康福多水溶剂 2000～3000 倍液喷雾防治，间隔 7 天 1 次，连续 2～3 次。④用敌敌畏烟剂熏烟防治。

（七）小菜蛾

1. 危害特点

小菜蛾又叫菜蛾、小青虫、两头尖、方块蛾，为十字花科蔬菜最重要害虫，全国各地都普遍发生，以我国南方和常年种植叶类蔬菜的地区发生严重。可为害青花菜、芥蓝、豆瓣菜，形成一个个"天窗"状透明斑痕，大的幼虫可将菜叶吃成孔洞或缺刻，严重时菜叶被吃成筛网状。

2. 形态特征

小菜蛾成虫为灰褐色小蛾，翅狭长，前翅后缘有三个白色曲折的波纹，两个翅膀合拢时呈屋脊状。老熟幼虫体长 1cm 左右，两头尖细，虫体呈纺锤形，头黄褐色，体节明显，臀足向后伸长，超过腹部末端。蛹呈纺锤形，外裹一层灰白色透明的薄茧，透过茧可以看见里面的蛹体。

3. 生活习性

小菜蛾在华北地区年发生 4～6 代，各个虫态同时发生。成虫在夜晚活动，白天隐藏在植株荫蔽处，受惊扰时在植株间作短距离飞行，也可随着刮风作远距离迁飞。成虫在黄昏后开始取食、交尾和产卵，午夜前后活动最旺盛，喜欢灯光。成虫羽化后当天即可交尾，1～2 天后产卵，每只雌成虫平均产卵 200 粒左右。幼虫很活跃，一受惊扰就快速扭动、倒退、翻滚或吐丝下垂。成虫的抗逆性很强，在田间的发生为害时期长。北方地区通常在 5～6 月和 8～9 月出现两个发生高峰。盛夏高温时节，各地多因高温多雨和天敌等因素使小菜蛾的发生数量显著下降。如果全年进行十字花科蔬菜连作套种，小菜蛾多发生猖

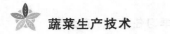

獗，损失严重。

4. 防治方法

由于小菜蛾虫体小，繁殖快，对多种农药的抗性较强，要较好控制小菜蛾必须根据小菜蛾的生物学特性，因地制宜选用多方面措施综合防治才能取得理想效果。

(1) 由于小菜蛾只为害十字花科蔬菜，在一定范围内应尽量避免十字花科蔬菜连作、套栽，切断虫源。同时注意加强苗期防虫，避免菜苗传带害虫。收获后及时清除和集中处理残株败叶，消灭残存的虫源。

(2) 利用成虫的趋光性，设置黑光灯或高压诱虫灯诱杀成虫。利用小菜蛾交配繁殖习性，可选用小菜蛾专门的性诱剂诱芯和配套的诱捕器诱杀成虫。

(3) 科学地进行药剂防治，由于小菜蛾世代多，使用农药频繁极容易使其产生抗药性，药剂防治必须注意不同性状的农药交替轮换使用，注意优先使用非化学杀虫剂。一是选用微生物杀虫剂，如苏云金杆菌 BT 粉剂、复方 BT 乳剂、粉剂 500～1500 倍液，注意在气温 20℃以上时喷雾。二是选用昆虫特异性杀虫剂，如 2.5％菜喜悬浮剂 1000～1500 倍液，或 5％抑太保乳油，或 5％卡死克乳油，或 5％农梦特乳油 3000～4000 倍液，或 25％灭幼脲 3 号悬浮剂 500～1000 倍液，或 20％除虫脲悬浮剂 3000～5000 倍液喷雾，注意施药时间较普通杀虫剂需提早 3 天左右。三是选用抗生素类杀虫剂，如 1.8％虫螨克乳油 2500～3000 倍液，或 40％清源保乳油 1000～1500 倍液喷雾。四是选用植物性杀虫剂，如 1％印楝素水剂 800～1000 倍液，或 0.5％藜芦碱醇溶液 800～1000 倍液，或 0.65％茚蒿素水剂 400～500 倍液喷雾。五是使用低毒低残留高活性化学杀虫剂，3％莫比朗乳油 1000～2000 倍液，10％多来宝悬浮剂 1500～2000 倍液，或 12.5％保富悬浮剂 8000～10000 倍液，或 10％除尽悬浮剂 1200～1500 倍液喷雾防治。

课后习题

1. 如何进行京水菜的育苗？
2. 如何进行京水菜的栽培？
3. 如何进行京水菜的病虫害防治？

学习任务 5 空心菜

 任务描述

本任务主要学习空心菜的特性及生产管理要点，通过本任务学习掌握空心菜的育苗、田间管理和病虫害防治技术，学会合理安排茬口，实现全年生产。

空心菜即蕹菜，又叫藤藤菜，如图 5-1 所示。它是原产于我国热带多雨地区的一种蔓性水生蔬菜。以嫩梢、嫩叶供食用。空心菜的营养价值较高，每 100g 鲜菜含水分 85～92ml、蛋白质 1.9～3.2g、碳水化合物 3～7.4g 和多种维生素，此外，还含有人体所需的 8 种氨基酸。空心菜性寒味甘，有清暑祛热、凉血利尿、解毒和促进食欲之功效。其食用方法多样，可炒食、做汤，也可用开水烫后凉拌。近年来空心菜由南方逐渐推广至北方，受到广大群众的喜爱。

图 5-1 空心菜

一、空心菜的生物学特性

（一）植物学特征

空心菜为旋花科一年生或多年生草本植物。根系比较发达，为须根系。茎蔓生、柔软、中空。圆叶绿色或浅绿色，也有呈紫色的品种。茎蔓分节，节能生根，从茎节的叶腋中还可抽出侧枝。单叶互生，叶柄较长。叶长卵圆形，基部心脏形，有的品种短披针形或披针形。叶全缘平整光滑。大叶长约 15cm，宽 6～7cm。花自叶腋生出，形如漏斗，白色、淡紫色或水红色。蒴果卵形，果皮厚、坚硬，内含种子 2～4 粒。种子初期为青绿色，最后变为白色、褐色或黑色，千粒重 32～37g。有些品种不能开花结实，只能靠无性繁殖。

（二）对环境条件的要求

1. 温度

空心菜喜温暖湿润的气候，属耐热性蔬菜。种子发芽起点温度为 15℃，10℃ 以下不能发芽。生长期适宜的最高温度为 35℃，最低温度为 18℃，最适温度为 30～35℃，在 35～40℃ 高温下也能正常生长。当温度降到 15℃ 以下时生长缓慢，顶芽停止生长。气温降到 10℃ 以下时茎节间腋芽进入休眠状态。空心菜生长需要的平均气温为 21℃ 以上。空心菜耐高温，不耐寒，遇霜即冻死。

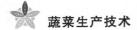

2. 光照

空心菜属短日照植物，在短日照下才能开花结实。北方地区由于日照时间长，空心菜一般不易开花结果。不同品种对光照的反应也不一样。旱空心菜适应范围较广，如能改善光照条件，比如在定时遮光或温室盖苫条件下，空心菜也能开花；水空心菜对光照要求较严，采种较为困难，生产上多进行无性繁殖。

3. 水分

空心菜根群分布浅，叶片蒸腾大，耗水量大，因此栽培中要求较高的土壤水分。空心菜要求的空气相对湿度为85%~95%。遇干旱时藤蔓生长缓慢，纤维增多，难以食用，品质及产量下降。

4. 土壤营养

空心菜忌连作，对土壤条件的要求虽然不很严格，但在腐殖质丰富、保水保肥力强的土壤上生长良好。由于空心菜的生长期长，能多次采收嫩叶、嫩梢，生长又迅速，植株体内营养消耗多而快，所以需肥量大。要想获得丰产，必须不断供给充足的肥料。除施足基肥外，在生长期间应多次追肥。据研究，空心菜在初收获时，平均每株吸收氮40.5mg，磷（P_2O_5）10.5mg，钾（K_2O）87.2mg，说明空心菜对养分的吸收以钾最多，氮次之，磷最少。其吸收量和吸收速度随着生长而逐渐增加。另外，氮、磷、钾的吸收比例在各个生长期也不尽相同，生长20天前氮、磷、钾的吸收比例为3:1:5；生长到40天时（采收时）氮、磷、钾的吸收比例为4:1:8，即在生长后期对氮、磷、钾的吸收比例有所增加。所以，空心菜施用追肥时，不仅要施速效性氮肥，而且要配合施用磷、钾肥。

二、空心菜品种类型

（一）空心菜依其结籽与否分为籽蕹或藤蕹

1. 籽蕹

用种子繁殖，耐旱力较藤蕹强，一般栽于旱地，但也可水生。籽蕹又可分为以下两个品种。

（1）白花籽蕹。茎秆绿白色，叶长卵圆形，基部心脏形，花白色。适应性强，质地脆嫩，产量高，栽培面积广，全国各地均有栽培，如杭州的白花籽蕹，广州的大青骨，北京的大鸡白、大鸡黄、白壳、剑叶等品种。以水生为主，也可旱植。其中大青骨为早熟品种，大鸡白为高产品种。

（2）紫花籽蕹。茎秆、叶背、叶脉、叶柄、花萼等带紫色，花呈淡紫色。纤维较多，品质较差，栽培面积较小。

2. 藤蕹

用茎蔓繁殖，一般很少开花，更难结籽。质地柔嫩，品质较籽蕹佳，生长期更长，产量更高。虽可在旱地栽培，但一般利用水田或沼泽栽培。

目前大棚日光温室栽培多为籽蕹旱植。

（二）根据空心菜对水分的适应性和栽培方法，分为旱蕹和水蕹两个类型

1. 旱蕹

旱蕹又称小蕹菜，茎蔓较细，节间短，味较浓，质地致密，产量低，较耐旱，适于旱地栽培。

2. 水蕹

水蕹又称大蕹菜，适于浅水和深水栽培，茎叶较粗大，节间较长，易生不定根。嫩梢味浓，质地脆嫩，产量高，藤蕹大多属于这一类。还有的品种在水中和旱地均能很好生长。

三、空心菜栽培季节和茬口

空心菜是热带蔬菜，发芽和生长期要求温度高。在北方露地条件下，晚霜过后就可播种，早霜来前停止生长，其间是空心菜的供应期。塑料大棚主要用于春提前和秋延后栽培。秋季延后栽培，可以把大棚夏季不加防护下栽培的空心菜，在外界日平均气温降到20℃左右（大约在早霜前的 40 天）时，开始使用扣膜保护，继续采取割收的办法，直到霜后 1 个月结束。大棚春提前栽培，空心菜的播种育苗期一般在当地晚霜前 65 天左右（华北地区为 2 月中下旬），定植期一般在当地晚霜前的 35 天左右（苗龄 30 天左右）。在高效节能日光温室里，除在 12 月下旬至翌年 1 月份播种须慎重外，其余时间一般都可播种。

四、空心菜栽培技术

（一）空心菜露地栽培技术

旱蕹菜露地栽培主要有种子直播和育苗移栽两种方法，也可用茎蔓无性繁殖进行扦插繁殖。

1. 品种选择

现在大面积推广的空心菜旱植品种有赣蕹 1 号、吉安大叶蕹菜及泰国空心菜等，其株型紧凑，茎叶粗壮，适应性广，抗逆性强，且早熟高产，质地柔嫩，风味鲜美，商品性好。

2. 整地施肥

空心菜栽培应选择土壤肥沃、湿润、疏松的田块，耕翻晒土，施入基肥。每亩施入符合无公害空心菜生产要求的优质堆肥 2500～3000kg，或腐熟粪肥 1700～2000kg、草木灰 50～100kg，全田撒施，并与土壤充分混匀，耙细整平，然后做畦。一般采用平畦，畦宽 1.3m，畦长 8m 左右。

3. 直播

（1）浸种催芽。空心菜种皮厚而坚硬，早春播种时因温度低，出苗慢，遇低温多雨天气容易烂种，可以在播种以前进行浸种催芽。用 30～40℃温水浸种 2～3h 捞出，在 30℃温度下催芽。每天用清水淘洗 1～2 次，一般 3 天种子萌发露白后就可以播种了。

（2）化学除草。播种前可用除草剂喷洒畦面，否则杂草多，不易除去。每亩可用 48％

胺草磷乳油 150～200ml，或 48％氟乐灵乳油 100～150ml，或 33％除草通乳油 100～150ml 兑水 50L 左右喷雾处理土壤，用药后要及时混土 3～5cm。

（3）播种及播后处理。北方地区春季播种最早可在晚霜结束时（4 月下旬）直播，点播时株行距各为 17～20cm，每穴放种子 2～3 粒，每亩用种量为 2.5～3kg。条播时顺畦开沟，沟深 3～5cm，沟距 30cm 左右，每亩用种量约为 10kg。若采取撒播，一般出苗后可间苗采收上市，需加大用种量。播种越早，间拔采收上市次数越多，用种量越大，每亩用种量约在 15kg。播种后覆盖细土，踩实后浇 1 次透水。北方因气候干燥，为保证种子发芽及出土所需要的充足土壤湿度和良好通气状况，也可采用"落水"播种法，即播种前先在畦内灌水，等水渗完后撒播种子，而后用腐熟有机肥混土或单纯覆土保墒。还可用覆土后在畦面上覆盖塑料薄膜的做法以增温保湿，促进发芽。但用塑料薄膜覆盖的，要提早施用腐熟堆肥做底肥。一般苗高 7～10cm，气温达 15℃以上时，可加强通风锻炼，而后将塑料薄膜全部揭除。根据苗的长势，适当追施 1～2 次稀薄粪水。苗高 20cm 左右可开始间苗上市，将秧苗连根拔起，剪去根部后整理成捆，上市销售。北方地区 6～8 月份播种的，为减少高温、干旱、暴雨等不利因素对出苗及幼苗生长的影响，可采用遮阳网育苗和栽培。

4. 田间管理

（1）勤除草，防止杂草滋生。

（2）经常保持土壤湿润状态。

（3）勤采收。

（4）每次收割后经 2～3 天，伤口愈合后要随水施用速效性氮肥，每次每亩施尿素 10kg 或硫酸铵 20kg，促进分枝生长，提高产量和品质。

（二）空心菜保护地栽培技术

空心菜在北方地区的自然条件下，生长适期短，生长缓慢，采收期短，产量低，质量差。通过保护地栽培，可解决这一问题。

1. 早春日光温室栽培

（1）播种育苗。

①苗床准备。育苗畦按每平方米用过筛腐熟的有机肥 20kg、磷酸二铵 50g 施足基肥，撒匀、浅翻、搂平，浇足底水。

②播种期。华北地区日光温室早春茬一般在 2 月上旬即可播种。

③浸种催芽。种子用 30℃左右的温水浸泡 12h，捞出控净多余水分，在 30℃环境下催芽，每天用 25～30℃温水冲洗 2 遍，控去多余水分继续催芽。2 天出芽，3 天可齐芽。

④播种。可穴播也可撒播。播前最好先浸种催芽。穴播时，按行距 35cm 左右、穴距 15～18cm 进行，每穴点种 3～5 粒，每亩用种量 2.5～3kg。撒播时每亩用种量 10kg。穴播或撒播后，覆土厚 1cm 左右。此外还可用育苗盘育苗。首先配制培养土，要求土质疏松、肥沃，富含有机质，可用 4 份腐熟的堆肥或厩肥加 6 份园田土混合均匀，装入盘内。然后每一小格中播入种子 3～4 粒，覆土 1cm 厚，用喷壶浇水，至育苗盘下部有水渗出。

⑤播后管理。播后要尽量提高日光温室内的温度，白天保持在 25～30℃、夜间在

15℃以上。播后 5～7 天可出苗。苗高 3cm 左右开始加强肥水管理，可顺水冲入尿素等化肥，保持土壤湿润和养分充足，切忌土壤干旱。温室内气温保持在白天 25～30℃。播后 30～40 天、苗高 20～23cm 就可间拔上市或采收上市。

（2）定植及田间管理。华北地区在 3 月中、下旬定植。温室定植前施入底肥，然后整地，做成 1.2m 宽的平畦。选晴天定植，每畦栽 2 行，穴距分 20～30cm，每穴 2～3 株。定植后浇水。3～5 天缓苗后再浇一水，缓苗水不宜过大，水后及时中耕蹲苗。

①温度管理。空心菜生产应尽可能保持较高的温度，随外界气温升高，温室要通风降温，保持白天温度在 20～25℃，夜间在 15～18℃。一般棚室温度不超过 35℃不通风。当温度超过 40℃时，中午前后可适当通风，夜间最低气温保持在 15℃以上。为促进空心菜生长，低温期可在日光温室内增设小拱棚增温。

②肥水管理。定植后加强肥水管理。施肥宜以速效氮肥为主，但用量不宜大，一般每亩每次施尿素 10kg 左右或硫酸铵 10～15kg。为加速茎叶生长、提早上市及提高产量，空心菜生长期间可进行叶面施肥。一般用 50mg/L 赤霉素或喷施宝（每 5ml 兑水 50L）进行叶面喷雾，每 10～20 天喷 1 次，共喷 2～3 次。定植后 30 天左右、株高 33cm 左右即可开始采收。以后每隔 7～10 天采收 1 次，每次采收后都要加强肥水管理。追肥以氮肥为主，每亩每次施尿素 10kg。同时保持土壤湿润，促进新梢发生和生长。

（3）采收。属于间拔上市的，连根拔起，剪去根部后整理成捆。定苗或定植后，一般多采取掐收的办法：初次采收时株高 33cm 左右，要在下面留 9～12cm，采收其上嫩梢；以后自叶腋长有新梢，当新梢长 15cm 时又开始进行下一轮采收。但头 2～3 次采收时，植株下部要留 2～3 片叶，以促进生发更多的新梢，保证丰产；以后植株下部要留 1～2 片叶，以防新梢过多，生长衰弱，影响产量和品质。生长期间还要及时从植株基部疏去过多过密的枝条，以达到更新和保持合理群体的目的。直播后一次采收的，亩产量可达1000～1500kg；多次采收的，亩产量可达 5000kg 以上。

2. 塑料大棚全程覆盖栽培

选用泰国空心菜、柳叶空心菜等品种，采用塑料大棚全程覆盖栽培，于 4 月上旬在大棚内播种，5 月初开始采收，10 月下旬采收结束，采收期长达 180 天，比露地栽培延长 100 天，增产 1 倍以上。

其栽培技术要点如下：

（1）种子经浸种催芽后，采用落水条播行距 12cm，覆土厚 3cm 左右，然后盖地膜。全棚播完后密闭大棚。棚内气温保持 25～32℃，地温保持 15℃以上。

（2）苗出齐后揭去地膜，白天棚温保持 20～25℃，防止幼苗徒长；叶片增加到 5 片叶时，逐渐将棚温升高到 25～30℃。

（3）在空心菜生长中、后期常出现缺铁性黄叶症，可通过叶面喷施浓度 1～2g/kg 的硫酸亚铁水溶液来增加铁元素供给。

（4）温度调控。伏天高温期可通过改变大棚通风口大小、短期卷起大棚四周棚膜或加盖遮阳网来调控；5 月中旬以前和 9 月中旬以后温度偏低时，可通过大棚内挂薄膜外覆草帘进行调控，使棚内最低温度维持在 10℃以上。

（5）采收。出苗后 30～40 天，株高 15cm 以上，可结合间苗采收上市。株高达 20～25cm 时，留基部 2～3 节，采收上部嫩梢，待侧枝长到 20cm 左右时，再留基部 1～2 节采收，如此反复进行。每隔 10～15 天采收 1 次。采收 3 次后，摘除基部的 1 个侧枝，使主茎基部的隐芽萌发。当新枝进入采收期后，摘除基部另一老枝，继续培育低节位新枝，如此不断进行更新，可保持较长的采收期。

五、空心菜病虫害及防治

空心菜病害主要有苗期猝倒病、白锈病、轮斑病和灰霉病等。空心害虫主要有菜青虫、小菜蛾、蚜虫、斜纹夜蛾、红蜘蛛等。要做到及时发现，及时防治。

（一）幼苗猝倒病

1. 症状

由腐霉属真菌侵染所致。主要为害未出土或刚出土不久的幼苗，病菌侵染幼苗基部。发病初期呈水渍状，后变黄褐色并缢缩成线状，植株倒伏，此时茎叶仍为青绿色，在高温潮湿条件下，受害部位可见到白色棉絮状霉状物。随着病情逐渐向外蔓延扩展，最后引起成片幼苗猝倒。如图 5-2 所示。

图 5-2　空心菜幼苗猝倒病

2. 防治方法

（1）选择地势高燥、避风向阳、排水良好的地块作为种植地。使用充分腐熟的农家肥料，播种前田地要耙细整平。适期播种，撒种均匀。

（2）温室和大棚保持适宜生长温度，注意通风排湿。

（3）苗期控制水分，发现病苗及时剔除。

（4）棚室栽培播种前要土壤消毒。具体方法是播种前 2～3 周，均匀浇洒 40％福尔马林 100 倍液，每平方米用药液 3L 左右，然后用塑料薄膜覆盖 4～5 天，揭除塑料薄膜后翻松土壤，过 2 周后播种。

（5）利用苗床育苗时，上下覆盖药土。用 50％多菌灵可湿性粉剂 10g 与 13kg 细土混合，播种时用 2/3 药土撒在床土上，播种后用余下的 1/3 药土覆盖种子。

（6）药剂防治：天气晴朗时，用 75％百菌清 500 倍液，或 70％代森锰锌 500 倍液，或 50％多菌灵 1000 倍液喷雾，或绿亨 1 号 3000 倍液，每 5～7 天喷雾 1 次，药剂交替使用。

图 5-3　空心菜白锈病

（二）白锈病

1. 症状：病斑生在叶两面

叶正面初现淡黄绿色至黄色斑点，后渐变褐色，病斑较大；叶背生白色隆起状疱斑，近圆形或椭圆形至不规则形，有时愈合成较大的疱斑，后期疱斑破裂散出白色孢子囊。叶片受害严重时病斑密集，病叶畸形，叶片脱落。茎受害肿胀畸形，直径增粗 1～2 倍。如图 5-3 所示。

2. 发病条件真菌侵染

病原菌在土中或种子上成为初侵染源，靠风力传播蔓延。高温高湿、有水膜时病孢子才能侵入。发病适温为 25～30℃。

3. 防治方法

(1) 避免连作。

(2) 清除残株病叶。

(3) 种子处理。用相当于种子质量 0.3％的 72％霜脲·锰锌可湿性粉剂拌种。

(4) 药剂防治。发病时，可用下列药剂喷雾防治：58％甲霜·锰锌 400～500 倍液，或 25％甲霜灵可湿性粉剂 800 倍液，或 64％恶霜·锰锌可湿性粉剂 500 倍液。每隔 7～10 天喷 1 次，共喷 2～3 次。

(三) 轮斑病

1. 症状

主要危害叶片。病叶初生褐色小斑点，扩大后呈圆形、椭圆形或不规则形，红褐色或浅褐色，病斑较大，有时多个病斑愈合成大斑块，具明显同心轮纹，后期轮纹斑上现稀疏小黑点，即分生孢子器。如图 5-4 所示。

2. 发病条件

属真菌侵染，随病残体传播蔓延。空心菜生长期多阴雨、植株生长郁蔽时发病严重。

3. 防治方法

(1) 清洁园地。清除地上枯叶及病残体，拿出棚外深埋，防止病害传播蔓延。

图 5-4　空心菜轮斑病

(2) 药剂防治。发病初期用下列药剂喷雾防治：75％百菌清可湿性粉剂 600～700 倍液，或 58％甲霜·锰锌可湿性粉剂 500 倍液。每隔7～10天喷 1 次，连喷 2～3 次。

(四) 灰霉病

1. 症状

染病植株茎叶软化变褐腐烂，患部表面长出灰霉层 (即病菌的分生孢子梗和分生孢子)，最终植株枯死。

2. 发病条件

空心菜灰霉病为真菌性病害。病菌以菌丝体和分生孢子随病残体在土壤中存活越冬，翌年以分生孢子作为初次侵染源，借助风雨、灌溉水等传播，从植株伤口侵入致病。冷凉多雨的天气易发病。

3. 防治方法

(1) 发现病株，应趁病部尚未大量长灰霉时及早拔除烧毁。

(2) 药剂防治。发病初期露地栽培可用 50％速克灵 1500～2000 倍液，或扑海因可湿性粉剂 1000～1500 倍液，或 50％农利灵 1000 倍液，每隔 7 天喷一次，连喷 2～3 次。保护地栽培可用 5％百菌清粉尘剂或扑海因粉尘剂喷施 2～3 次，每隔 7～10 天喷一次，每次

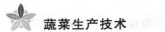

每亩用量 1kg。

（五）菜青虫

1. 为害特点

卵多产在叶背面，初孵幼虫在叶被面啃食叶肉，残留表皮。3 龄以后菜青虫食量剧增，将叶片被吃成缺刻或网状，严重时仅剩下叶脉。

2. 防治方法

（1）采用防虫网全程覆盖。

（2）药剂防治：用 2.5％敌杀死 2000 倍液，或 2.5％功夫 1500 倍液，或 5％抑太保 1200 倍液，或印楝素和川楝素及 Bt 喷雾防治，7～10 天 1 次。

（六）小菜蛾

1. 为害特点

小菜蛾虫害发生时，心叶被幼虫吐丝结网，逐渐硬化。叶背面被啃食叶肉，残留表皮呈透明斑点，甚至穿孔仅剩叶脉。

2. 防治方法

（1）采用防虫网全程覆盖栽培，可不施药防治。

（2）黑光灯诱杀成虫。具体方法是每亩菜地设置一盏黑光灯，灯光高度为 1.5m 左右，下置水盆，盆内滴入一些煤油，使灯距水面 20cm 左右。有条件的地区可使用频振式杀虫灯。

（3）成虫期使用性引诱剂。在 20 000～30 000m² 菜地范围内悬挂一支用小菜蛾性引诱剂制成的诱芯，高度略超过植株顶部，下置水盆，水中放一些洗衣粉，使诱芯距水面 1cm，可诱杀大量成虫。

（4）药剂防治。5％锐劲特 2000～4000 倍液，或 50％宝路可湿性粉剂 1000～2000 倍液喷雾，每 7～10 天 1 次。

（七）蚜虫

1. 为害特点

为害空心菜的蚜虫为菜蚜。其成虫或若虫群居在叶背面及嫩茎上，吸食汁液，形成褪色斑点，叶色变黄，叶面卷曲皱缩，植株矮小，采种植株不能正常抽薹开花和结实。菜蚜还会传播多种病毒病。

2. 防治方法

（1）清洁田园。

（2）银灰色防虫网驱蚜或覆盖避蚜。

（3）药剂防治。最好选择同时具有触杀、内吸、熏蒸 3 种作用的农药。用 10％吡虫啉可湿性粉剂 2000 倍液，或 50％抗蚜威 4000 倍液喷雾防治，7～10 天 1 次，连喷 3～4 次。

（八）斜纹夜蛾

1. 为害特点

初孵幼虫多群集叶背取食叶肉，残留表皮，3 龄后食量大增，啃食叶片，形成空洞或缺刻，如图 5-5 所示。

2. 防治方法

（1）及时清除田间杂草，提倡秋翻冬耕消灭越冬蛹。

（2）田间注意及时摘除卵块及被害叶片。

（3）诱杀成虫。成虫发生期用 6∶3∶1∶10 的糖、醋、酒、水加少量敌百虫诱杀成虫。

（4）药剂防治。关键是在 1～2 龄幼虫群居时进行

图 5-5　斜纹夜蛾

化学防治。当田间检查发现百株有初孵幼虫 20 条以上时，用 25％灭幼脲 3 号悬浮剂 500～1000 倍液，或 20％氰戊菊酯 2000～4000 倍液，或 40％菊杀乳油 2000～3000 倍液喷雾，隔 7 天喷一次，连续 2～3 次。防治 3 龄后幼虫，最好选在傍晚用 20％甲氰菊酯乳油 2500 倍液喷雾，安全间隔期为 3 天，或 40％氰戊菊酯乳油 4000～6000 倍液喷雾，安全间隔期为 5 天，或 2.5％功夫乳油 3000 倍液喷雾，安全间隔期为 7 天。

（九）红蜘蛛（叶螨）

1. 为害特点及生活习性

红蜘蛛是一种多食性害虫。以成虫和若虫在叶背吸取汁液，被害叶片的叶面呈黄白色小点，严重时变黄枯焦，甚至脱落，红蜘蛛在露地和保护地均能发生。在北方多以成虫潜伏于杂草、土缝中越冬。第二年春天先在寄主上繁殖，然后转移到蔬菜地繁殖为害。初为点状发生，后靠爬行或吐丝下垂借风雨传播。

2. 防治方法

（1）彻底清除田间及其附近杂草；前茬作物收获后清除残枝落叶，减少虫源；加强虫情调查，及时将虫害控制在点、片发生时期。

（2）药剂防治：①首选药剂为抗生素类制剂，如 10％浏阳霉素乳油 1500～2000 倍液，或 2.5％华光霉素可湿性粉剂 400～600 倍液喷雾，安全间隔期均为 2 天，或 1.8％阿维菌素乳油 1500～2000 倍液喷雾，安全间隔期为 7 天，但每季菜只宜使用 1 次。②使用为昆虫、螨类生长调节剂类制剂，如 15％哒螨灵可湿性粉剂（商品名称为牵牛星）3000～4000 倍液（每亩用量 18.8～25ml），或 50％四螨嗪（螨死净、阿波罗）悬浮液 5000 倍液喷雾，安全间隔期均为 14 天，且每季菜只宜施用一次。③拟除虫菊酯类杀虫杀螨剂，其特点是高效速效，如 2.5％功夫乳油 2000～4000 倍液喷雾，安全间隔期为 7 天。④使用其他杀螨杀虫剂，如 20％螨克（双甲脒）乳油 1000～1500 倍液（每亩用量为 50～75ml），其安全间隔期为 30 天，且每季蔬菜只宜用 1 次。要轮换使用不同种类的药剂，以延缓红蜘蛛产生抗药性，并注意将药液喷在嫩叶的背面。

六、无公害空心菜产品质量标准

（一）无公害空心菜（鲜食）感官标准

一个检验批次的空心菜应为同一品种或相似品种，大小基本整齐一致，无黄叶，无明

显缺陷（缺陷包括机械损伤、抽薹、腐烂、病虫害等）。

（二）无公害空心菜卫生标准

无公害空心菜标准见表 5-1。

表 5-1　无公害空心菜卫生标准

序号	项目	指标（mg/kg）
1	敌敌畏	≤0.2
2	毒死稗	≤1
3	乐果	≤1
4	氯氰菊酯	≤2
5	氰戊菊酯	≤0.5
6	百菌清	≤1
7	氯氟氰菊酯	≤0.2
8	三唑酮	≤0.2
9	铅（以 Pb 记）	≤0.2
10	镉（以 Cd 记）	≤0.05
11	亚硝酸盐（以 $NaNO_2$ 记）	≤4

注：根据《中华人民共和国农药管理条例》，剧毒农药不得在蔬菜生产中使用。

（三）品质快速检测方法

1. 农药速测卡法（酶试纸法）

取蔬菜可食部分 3.5g，剪碎于杯中。用纯净水浸没菜样，盖好盖子，摇晃 20 次左右，制得样品溶液。取速测卡，将样品液滴在速测卡酶试纸上，静置 5～10min，将速测卡对折，用手捏紧，3min 后打开速测卡，白色酶试纸变蓝色为正常反应，不变蓝色说明有过量有机磷和氨基甲酯类农药残留。同时做空白对照。

2. 农药残留快速测定仪法

采用农药残留快速测定仪测定酶抑制率，如果酶抑制率数值小于或等于 35，则样品判为合格；如果酶抑制率数值大于 35，则需按有关国际标准规定的方法进行测定。

课后习题

1. 空心菜的生长发育对环境条件的需求是怎样的？
2. 空心菜的采收方法有哪些？
3. 空心菜的栽培技术有哪些？

❋相关链接

❈生炒蕹菜（图5-6）的制作方法

制作材料

主料：空心菜500g。

调料：植物油50g，辣椒（红、尖、干）10g，盐3g，味精2g，醋5g。

生炒蕹菜的特色

柔软碧绿，辣香浓郁，味美适口。

生炒蕹菜的做法：

（1）把空心菜摘去老茎、老叶，洗净控水，切成
3～5cm长的段。

（2）辣椒洗净切成丝。

（3）炒锅放火上，倒入油，加热至六成时，投入
干辣椒丝、盐。

图5-6 生炒蕹菜

（4）待有辣香味时倒入空心菜，翻炒断生，放味精和香醋，炒拌均匀即可出锅装盘。

学习任务6 苦 瓜

本任务主要学习苦瓜的特性及生产管理要点，通过本任务学习掌握苦瓜的育苗、田间管理和病虫害防治技术，学会合理安排茬口，实现全年生产。

图 6-1 苦瓜

苦瓜别名金荔枝、癞葡萄、凉瓜、癞蛤蟆、癞瓜等，属葫芦科苦瓜属的一年生蔓性植物，如图 6-1 所示。原产于东印度热带地区。每 100g 嫩瓜含水分 94g、蛋白质 0.7～1g、碳水化合物 2.6～3.5g、维生素 C 56～84mg。苦瓜果实中含有一种糖苷，具有特殊的苦味，故称苦瓜。苦瓜一般为南方人所喜爱，但随着人们生活水平的不断提高和对苦瓜的营养价值及保健作用的了解，喜食苦瓜的人越来越多，现也渐渐为北方人所接受，目前苦瓜实际上已成为大众化蔬菜。利用大棚温室在冬、春蔬菜淡季进行生产，使苦瓜的供应由夏、秋季上市变为全年供应，不仅可以满足人们的消费需要，也能使生产者获得较高的经济效益。

一、苦瓜的生物学特性

(一) 植物学特征

1. 根

苦瓜为直根系，根比较发达，侧根很多，根群主要分布在 30～50cm 的耕层内，但主根入土和侧根水平分布不如南瓜深而广。苦瓜的根具有喜湿不耐涝的特点。

2. 茎

苦瓜具有茎蔓性，茎细长，为可达 3～4m，为五棱形。主蔓上各节的腋芽活动性强，能发生多级侧枝，形成繁茂的营养体。一般主蔓第 10 节以上着生雌花，而侧蔓在第 2、3 节以后就可以着生雌花。在棚室条件下由于通风条件、光照条件较差，易造成茎蔓细、节长、侧蔓萌生快和郁闭空间等不良现象。栽培时，应注意及时进行整枝打杈。

3. 叶

苦瓜的子叶出土后，先是生成初生真叶，盾形、对生、绿色。然后发生的真叶为互生、掌状、浅裂或深裂的裂叶，叶面光滑，深绿色，叶背浅绿色，一般具有 5 条明显的放射状叶脉。

4. 花

苦瓜的花单生，雌雄异花，单性。花小、黄色，雄花多而早开。第一雌花着生的节位因品种的熟性不同而有明显的差异，一般是着生在第 8 至第 20 节上，以后每隔 3～7 节再着生雌花。雌花于清晨开放，自然条件下靠昆虫传粉，棚室栽培时需人工授粉。

5. 果实

苦瓜的果实形状因品种而异，多为纺锤形、圆形或圆筒形，表面有许多瘤状突起。嫩果为青绿色或浅白绿色；老熟的果实呈橙红色，易开裂。内部果瓤为鲜红色，有甜味。

6. 种子

苦瓜的种子较大，短圆形，浅黄色，似龟甲状，两端有锯齿，表面有雕纹，千粒重 150～180g。种子的发芽年限为 3～5 年，使用年限为 1～2 年。苦瓜种子种皮厚、发芽慢，对温度要求较高，出土时间长，播前必须进行种子处理。

(二) 对环境条件的要求

1. 温度

苦瓜原产于热带地区，喜温，耐热不耐寒。种子发芽的适温为 30～35℃，20℃ 以下发芽缓慢，13℃ 以下发芽困难。幼苗期生长适温为 20～25℃，15℃ 以下生长缓慢，10℃ 以下生长不良。开花结果期适温为 20～30℃，最适温为 25℃，此期还能忍受 35～40℃ 的高温。

2. 光照

苦瓜属短日照作物，但对日照时间的长短要求不太严格，光照不足易引起落花落果。播后遇有连阴雨天气、温度低于 10℃ 时，就易出现冷害。苗期光照不足时，会降低幼苗的抗寒能力。开花结果期需要较强的光照，充足的光照有利于光合作用，能让苦瓜多积累养分，提高坐果率，增加产量，提高品质。

3. 水分

苦瓜喜湿不耐涝，土壤湿度以保持在 80%～85% 为宜，空气相对湿度以保持在 70%～80% 为宜。特别是开花结果期，茎叶、果实的发育都十分迅速，要求的水分也特别多，但是土壤不能积水。

4. 土壤营养

苦瓜适应性广，对土壤要求不严格，忌水渍，应选排水良好、土层深厚的沙质壤土或黏质壤土。苦瓜对养分的要求较高，如果土壤中有机质充足，则植株生长健壮，茎叶繁茂，开花结果多，产量高，品质优。特别是生长后期，若肥水不足，则植株衰弱，叶色黄绿，开花结果少，果实细小且苦味浓重，品质差。因此，在栽培苦瓜时，应注意氮、磷、钾肥及有机肥的合理施用。

二、苦瓜的品种类型

(一) 东方青秀

早熟品种，定植后 50 天即可采收。高产，耐热、耐湿，抗病性、抗逆性强，生长旺盛，分枝多，主侧蔓均能结瓜。果实为长圆锥形，果色翠绿美观，肉厚，耐储运。肉瘤粗直,商品性好。果长 33cm 左右,直径 7cm,单果重 650g 左右,单株结瓜 20 多个,亩产量可达 5000kg 以上。

(二)云南大白

中熟品种。果实长 40cm,横径 4cm,单果重 250~400g,果实表面有瘤状突起,表皮白色,洁白如玉,质地脆嫩,味清甜略苦。抗病力强,耐热。

(三)长白

生长势强,分枝多。瓜为长纺锤形,长 30cm,横径 5cm 左右。表面有明显棱及瘤状突起,瓜皮绿色,瓜肉绿白色,有清香苦味。耐热性强,病害少。

(四)蓝山大白

蓝山大白是湖南省蓝山县的地方优良品种。植株生长旺盛,分枝力强。果实为长圆筒形,长 40~70cm,横径 7~8cm,绿白色,有光泽,单瓜重 800~1000g。果表瘤状突起大而密,苦味较浓,果实商品性较好。

(五)长身

长身广州市地方品种,早熟。果实为长圆筒形,长约 30cm,横径 5cm 左右,外皮绿色,肉质较坚实,味甘苦,品质好,耐储运。一般单瓜重 250~300g。抗逆性强,较耐寒。

(六)夏丰

广东省农业科学院选育的一代杂种。植株生长势强,分枝中等,主蔓上第一雌花着生的节位较低,主侧蔓均可结瓜,且可以连续采收。果实为长圆锥形,长约 21.5cm,横径 5~6cm,单果重 250~300g,皮色浅绿,品质中等,早熟,耐热,抗病,耐湿性强。

(七)湛油

湛油由广东省湛江市培育,中早熟品种。植株分枝力强,挂果性好。果实为长圆锥形,果长约 27cm,横径 6~8cm,单果重 500g 左右。果实淡绿色有光泽,有整齐的纵沟条纹。耐热,耐储运。

(八)北京白

北京白为中早熟品种。植株长势旺,分枝力强。果实为长纺锤形,长 30~40cm,表皮有棱及不规则的瘤状突起。外皮白绿色,有光泽,果肉较厚,脆嫩,苦味适中,品质优良,一般单果重 250~300g。耐热、耐寒,适应性强。

(九)穗新 1 号

广东省广州市蔬菜研究所育成,中早熟品种。植株长势旺,分枝力强。果实为长圆形,长 16~25cm,横径 5~6cm。果皮深绿色,表皮瘤状突起成粗条状,肉厚,苦味中等,单果重 300~500g。抗枯萎病、白粉病,适应性广。

三、苦瓜的栽培季节和茬口

现将华北地区大棚日光温室苦瓜栽培茬口安排介绍如下,见表 6-1,供各地参考。

表 6-1　大棚日光温室苦瓜栽培茬口安排　　(华北地区)

栽培方式	播种期	定植期	收获期	主要品种
日光温室秋冬茬	7月中下旬至8月上旬	8月上中旬至9月上旬	10月中上旬至12月中下旬	湛油、长白
日光温室冬春茬	9月中下旬至10月上旬	10月下旬至11月上旬	12月上中旬至翌年6月	槟城、北京白
日光温室春茬	12月上中旬	翌年1月下旬至2月上中旬	3月下旬至7月	槟城、云南大白
大棚秋延后	6月中下旬	7月上中旬	9月上中旬至11月上中旬	蓝山大白、长白
大棚春提前	1月下旬至2月上旬	3月中下旬	4月下旬至7月	穗新1号、北京白

四、日光温室冬春茬苦瓜栽培技术

(一) 品种选择

选择耐低温、耐弱光、抗病、丰产的品种，如长白、湛油、北京白等。

(二) 育苗

1. 播种日期

华北地区冬春茬苦瓜的播种期为9月中下旬至10月上旬。

2. 种子处理

苦瓜种子外壳较厚、质地坚硬，播种前须用55～60℃温水烫种，并不停搅拌。当水温降至30℃时，停止搅拌，浸种10～12h。然后放在30～35℃的温度环境下催芽。每天用温水冲洗1次，控净水后继续催芽。一般3天左右即可出芽。由于苦瓜种皮较厚、发芽不整齐，应分批将先发芽的种子挑出，用湿毛巾包好放在低温处（不低于12℃）蹲芽，待大多数种子出芽后播种。每亩播种量为0.6～0.75kg。

3. 营养土配制

一般用未种过蔬菜的大田土6份，充分腐熟的马粪、猪粪、麦糠4份，同时每立方米营养土加入充分腐熟的鸡粪10kg、草木灰10kg、过磷酸钙1kg。各种用料先过筛，然后混合均匀。

4. 播种

采用营养钵育苗。播前先在营养钵内装入八成满的营养土，然后摆入苗床，并逐个浇水湿润营养土。将催出芽的种子平放在营养钵里，覆土1.5cm厚。

5. 播后管理

(1) 温度。冬春茬苦瓜育苗在覆膜的日光温室内进行。播后要封闭温室，防止雨水冲刷，并在苗床上覆盖地膜，当秧苗出土后撤掉地膜。播后棚内气温白天保持在 30～35℃、夜间不低于 25℃。出苗后适当降低温度，保持在白天 20～25℃、夜间 15～17℃。

（2）水肥。苗期缺水要适当补充。其给水原则是见干见湿，即表土稍干时浇水。为使幼苗健壮，苗期可喷施 0.3％磷酸二氢钾，每隔 7～10 天 1 次，连喷 2～3 次。定植前 7 天左右停止浇水，进行炼苗。

（3）光照。苦瓜幼苗 2 叶 1 心时为花芽分化关键时期，白天须保持 7～8h 光照时间，促进雌花分化。其他时期尽量延长光照时间。

6. 壮苗标准

苗龄 30～40 天，苗高 20cm，4 叶 1 心，子叶和第一对真叶完好无损，叶片厚实，颜色深绿，根系发达，根色洁白，无病虫害。

（三）定植

1. 整地施肥

每亩施优质有机肥 5000～7500kg、过磷酸钙 100kg、饼肥 100kg、硫酸钾复合肥 50kg。先普施肥料的 1/3，深翻 30cm，耙平。然后按大行距 100cm、小行距 60cm 开沟，沟中施入剩余的 2/3 肥料。粪土混匀后浇水造墒，水渗后在施肥沟上起垄，垄高 15～20cm。然后用 1m 宽的地膜覆盖 2 窄行。为保证地温，冬季在膜下灌水，可有效防止棚室湿度过大引发病害。

2. 定植期

华北地区一般在 10 月下旬至 11 月上旬，苗龄 30～40 天。

3. 定植方法、密度

在定植垄上按株距 30～35cm 开穴。脱去营养钵带坨定植，每穴 1 株。栽时苗子不能栽入太深，深度以没过土坨 1～2cm 即可。栽后浇足定植水，待水渗下后用潮土将膜口封严。一般每亩保苗 2500～2800 株。

（四）定植后管理

1. 温度管理

定植后封闭温室，提高温度，促进生根缓苗，棚内气温白天最高可达到 35℃左右不通风，夜间保持在 17～20℃。缓苗后，开始通风，棚内气温保持在白天 20～25℃、夜间 14～18℃，地温要保持在 14℃以上。进入开花结果期，棚内气温白天保持在 25～28℃，超过 28℃通风，低至 24℃关闭风口，达不到 25℃不通风；夜间保持在 13～17℃。如遇特别冷的天气或连阴天，可采取临时加温的办法补充热量。浇水后，为提高地温和迅速排湿，温度达到 30℃后再通风。

2. 肥水管理

定植完毕后在地膜下暗沟内浇定植水，缓苗后再浇 1 次缓苗水。此后要控水蹲苗，结果以前不再浇水，以提高地温、促进根系发展、促苗稳长快长。当第一个瓜长到 10cm 左右长时开始追肥浇水，每亩随水施硝酸钾 20kg、磷酸二铵 15kg。严冬季节一般每 15 天左右浇 1 次水；到翌年 5～6 月份一般每隔 3～4 天浇 1 次水，隔 2 次水追 1 次肥。追肥每亩每次用硝酸铵20～30kg，同时中间追施1次氮磷钾三元复合肥30～40kg。

3. 搭架引蔓

当瓜蔓长到30cm左右长、不能直立生长时要进行搭架。搭架材料既可以用竹竿，也可以用尼龙绳吊蔓，有利于通风透光。开始绑蔓时采取"S"形上升。

4. 植株调整

苦瓜以主蔓结瓜为主。为促进主蔓的生长，距地面50cm以内的侧蔓全部抹除，上部的侧枝如生长过旺、过密，也应适当抹除，总之，要保证主蔓的生长，以发挥其结果优势。当主蔓长到架顶时摘心，同时在其下部选留3～5个侧枝培养，使其每个侧蔓再结1～2个瓜。主蔓不摘心的，则必须进行落蔓。也可以当主蔓长到1m长时摘心，留2条强壮的侧蔓结果，当蔓长到架顶时摘心，再在每条蔓上选留1～2个侧蔓培养结果。绑蔓时要掐去卷须和雄花，以减少养分消耗。同时注意调整蔓的位置和走向，及时剪去细弱或过密的衰老枝蔓，尽量减少相互遮阴。

5. 保花保果

苦瓜具有单性结实的能力，但为了提高坐果率，可于当天采摘盛开的雄花给雌花授粉。具体做法是：取雄花去掉花冠，将花药轻轻地涂抹在雌花的柱头上，1朵雄花可用于3朵雌花的授粉。授粉不要伤及雌花柱头。

（五）采收

苦瓜以嫩瓜供食用，接近成熟时养分转化快，故应及时采收。采收标准为：在适宜的温度条件下开花后12～15天，果实的条状或瘤状的突起迅速膨大，果顶变为平滑且开始发亮，果皮的颜色由暗绿色转为鲜绿色，或由青白色转为乳白色时开始采收。苦瓜的果柄很长，长得牢固，用手不易撕摘，必须用剪刀从基部剪下。

（六）越冬苦瓜如何应对阴雨雪天气

冬季阴雨雪天气会造成保护地低温、高湿、寡照等不利于苦瓜生长发育的环境条件，尤其是连续几天的低温阴雾天气会给越冬苦瓜造成很大的危害。发生低温冷害的温室苦瓜，轻者植株生长停止、化瓜；重者植株萎蔫死棵，提前拉秧。为了避免发生这种情况，要尽可能地创造适宜苦瓜生长发育的条件，把损失降到最低。

1. 防寒保温，增加光照

冬季要注意收看天气预报，在寒流和阴雨雪天气到来之前，要严闭温室，夜间加盖整体浮膜（即盖草苫后，再覆盖一层整体薄膜），温室后墙和山墙达不到应有厚度的，可在墙外加草苫及薄膜等加强保温。必要时可在阳面的温室底角增盖一层草苫以提高温室内夜间的温度。在严寒季节可在棚前面加盖麦草或其他覆盖物以加强保温。

只要不下雨、不下雪，都要坚持拉开草苫，利用微弱的散射光提高温室内的温度，补充光照，使苦瓜植株进行光合作用，避免苦瓜植株长时间处于黑暗状态而造成根、茎、叶生长严重失衡。此外，还要经常清扫日光温室棚膜表面，增加棚膜透光率，增强苦瓜植株的光合作用。

为了保温，阴雨雪天气一般不通风，但当温室内空气相对湿度超过85％时，可在中午前后短时间开天窗，小通顶风排湿。每天拉开草苫时间的长短可根据棚温的变化确定：揭开草苫后，若温度下降，应随揭随盖；若温度稍有回升，可以在下午 2～3 时以前把覆盖物重新盖好。在阴天时要尽量减少出入温室的次数，尽可能保持棚温。

如持续阴天时间过长，应在温室内设置灯泡提温增光。可在每间温室中间设置一个电灯。如遇上雨雪天气，上午不能拉开草苫时，应打开电灯；如夜温过低，可在下午 5 时左右将电灯打开，到夜间 10 时左右再关闭，这样可提高棚温 2～3℃。

2. 预防病害发生流行

很多种病害都是在低温、高湿的条件下发生流行的，所以在阴雨雪天气时，降低温室内湿度是预防病害发生和流行的最主要手段。在温室内温度低不宜进行通风降湿时，可采用在田间撒施草木灰的方法吸收、降低温室内的湿度，减轻病害的发生。病害发生后不宜采用喷雾的方法防治，应采用熏烟或喷粉尘剂的方法进行防治病害。此外，使用滴灌方法对苦瓜进行浇水、施肥，能明显降低温室内的湿度，减少病害的发生。

（七）冬季连阴天过后对苦瓜的管理

当连阴天过后，天气转晴时，不要急于一下子将草苫全部拉开，以避免植株因阳光直射而造成萎蔫，应采取"揭花苫"的方法逐步增温增光。对受强光照而出现萎蔫现象的植株及时盖草苫遮阳，并随即喷洒 15～20℃ 的温水，同时注意逐渐通风，防止闪秧闪苗。若保护地安装有卷帘机，可采取分次揭草苫见光，即第一次先揭开 1/3，不出现萎蔫时再揭开 1/3，第三次才将草苫棚全部揭开，这样让苦瓜有一段逐步适应的过程，可防止急性萎蔫发生。

另外，若出现了受冻植株，可先采取喷温水（温度不能太高，可以掌握在 10～15℃，根据当时受冻情况而定；受冻严重时，水的温度要低些）的方法进行缓解，而后再用 2.85% 萘乙酸水剂 6000 倍液或纳米磁能液（由达到纳米级程度的中草药等萃取液提炼而成，含有硼、钼、锌、铜、镁等微量元素）2500 倍液进行叶面喷洒，以促进植株加快生长。

不良天气时坐下的瓜纽即使没有焦化，也会因营养不良出现大批畸形瓜，可适当摘除一部分，同时对出现的弯瓜可以用吊小砖瓦的方式使其变直，以提高瓜的品质。

当苦瓜出现植株生长停止或化瓜时，可以适当疏掉一些幼瓜，有利于枝蔓伸长，另外，喷施植物生长调节剂丰收一号（主要成分：有机质≥20g/ml，甲壳素≥5%），也有利于增强苦瓜植株机体恢复。

连阴天后，苦瓜的根系会受到不同程度的伤害，会降低其对水分和养分的吸收能力，因此天气转晴后，可以喷施爱多收、丰产素等叶面肥，增加营养元素，也可以用甲壳素等灌根，补充营养，以促进新根生成。

五、大棚苦瓜春季提前栽培技术

（一）品种选择

选择早熟丰产的品种，如穗新 1 号、长身、夏丰、北京白等。

（二）育苗

1. 播种期

华北地区播种一般在 1 月下旬至 2 月上旬。利用日光温室育苗，苗龄45～55天。

2. 浸种催芽

方法与日光温室苦瓜冬春茬栽培相同。

3. 播种

营养钵装入营养土摆入苗床，播前浇足底水。然后将催出芽的种子点播入营养钵内，覆土 1.5cm 厚。整个苗床的营养钵播种完后，在上面覆 1 层地膜，再在整个苗床上扣小拱棚增温保湿。播种后尽量提高苗床温度促进出苗，一般温度控制在30～35℃。

4. 播后管理

参照日光温室苦瓜冬春茬栽培相关内容。

（三）提早扣棚，适期定植

在定植前 25 天左右扣棚烤地。当土壤解冻后深翻 30cm，促进地温升高。当棚内最低气温稳定在 8℃左右、10cm 地温稳定在 12℃ 以上时即可定植。华北地区适宜定植期为 3 月中下旬。如在大棚内增设小拱棚，定植期可适当提前。

（四）加强管理，促进早熟，提高产量

定植前精细整地，施肥方法与日光温室苦瓜冬春茬栽培相同。但由于大棚温度、光照条件好，可适当密植，大行距 80cm，小行距 60cm，株距 30～33cm。定植方法与日光温室苦瓜冬春茬栽培相同。定植后加强保温，促进缓苗。在缓苗前若遇寒潮，可在大棚内扣小拱棚，大棚外四周用草苫围起保温，防止幼苗受冻。缓苗后可根据土壤水分状况浇 1 次缓苗水。当苦瓜节间急剧伸长时，及时插架，并引蔓上架。为防止架材倒伏，应用绳将架材固定在大棚骨架上，使架与棚成为一个整体。

当外界最低气温稳定在 13℃ 以上时，要昼夜通风。随着外界气温的升高和雨季的来临，要将棚膜四周的围裙撤掉，顶部的塑料薄膜卷到肩部，利用塑料薄膜进行遮阴、防雨栽培。

在定植水充足的情况下，一般在第一雌花开放以前不浇水，也不追肥。当雌花开放时浇 1 次水，浇水要选择晴天的上午进行，在暗沟内浇小水，水量不宜过大。当苦瓜坐住并长到蚕豆荚大小时开始追肥，每亩追施尿素 20～25kg。开花结果初期，棚外气温尚低，浇水不宜过勤，水量不宜过大，一般暗沟内灌水即可满足需要。进入结果盛期，棚外气温已升高，应加大通风量。此时，植株的营养体蒸腾的水分较多，需水量大，浇水时除暗沟灌水外，也可明沟灌水。在高温期可每隔 4～6 天浇 1 次水，隔 2 次水追 1 次肥。

其他栽培措施与日光温室苦瓜冬春茬栽培相同。

六、苦瓜病虫害防治

（一）苦瓜炭疽病

1. 症状

此病主要危害瓜条，也危害叶片和茎蔓。幼苗染病多从子叶边缘侵染，形成半圆形凹

蔬菜生产技术

陷斑。病斑由浅黄色变成红褐色，空气潮湿时产生粉红色黏稠物。幼茎染病呈水渍状，红褐色，凹陷或缢缩，最后倒折。叶片染病时叶斑较小，呈黄褐色至棕褐色，圆形或不规则形。蔓上病斑呈黄褐色，菱形或长条形，略下陷，有时龟裂。瓜条病斑不规则，初为水渍状，后显著凹陷，其上产生粉红色黏稠物，后期病斑转变成黑色粗糙不规则斑块。如图 6-2 所示。

图 6-2　苦瓜炭疽病

2. 发病条件

温度 20～27℃、空气相对湿度 80％以上适宜发病。最适温度 24℃，最适空气相对湿度 95％。空气湿度对病害影响极大，空气相对湿度低于 54％时病害几乎不发生。

3. 防治方法

（1）农业防治措施。采用地膜覆盖、膜下暗灌技术及棚室加强通风，尽量降低空气湿度，可有效控制病害的发生。

（2）药剂防治。发病初期用下列药剂喷雾防治：40％氟硅唑乳油 8000 倍液，或 10％苯醚甲环唑水分散粒剂 1500 倍液，或 25％咪鲜胺可湿性粉剂 1500～2000 倍液。每隔 7～10 天喷 1 次，连喷 2～3 次。

（二）蔓枯病

1. 症状

危害叶片、茎蔓和瓜条。叶上病斑较大，初为水渍状小点，以后变成圆形至椭圆形斑，呈灰褐色至黄褐色，有轮纹，其上产生黑色小点。茎蔓病斑多为不规则长条形，浅灰褐色，上生小黑点，多引起茎蔓纵裂，易折断。空气潮湿时，病处形成流胶，有时病株茎蔓上还形成茎瘤。瓜条受害初为水渍状小圆点，逐渐变成不规则稍凹陷木栓化黄褐色斑，后期产生小黑点，染病瓜条组织变糟，易开裂腐烂。如图 6-3 所示。

图 6-3　苦瓜蔓枯病

2. 发病条件

平均温度 18～25℃、空气相对湿度高于 85％以上容易发病。

3. 防治方法

（1）农业防治措施。生长期加强管理，适当增施磷、钾肥，避免田间积水，保护地加强通风，浇水后避免闷棚。

（2）药剂防治。发病初期用下列药剂喷雾防治：70％甲基硫菌灵可湿性粉剂 600 倍液，或 80％代森锰锌可湿性粉剂 800 倍液，或 75％百菌清可湿性粉剂 600 倍液。

（三）病毒病

1. 症状

此病危害全株，尤以顶部幼嫩茎蔓症状明显。早期植株染病，叶片小、皱缩、节间缩短，全株明显矮化，不结瓜或结瓜少；中期至后期植株染病，中上部叶片皱缩，叶片颜色浓淡不均，幼嫩梢畸形，生长受阻，瓜小或扭曲。如图 6-4 所示。

图 6-4　苦瓜病毒病

2. 发病条件

高温干旱有利于发病，蚜虫数量大时发病严重。

3. 防治方法

发病初期用下列药剂喷雾防治：20％吗胍·乙酸铜 600 倍液，或 0.5％菇类蛋白多糖液剂 300 倍液，或 0.15％高锰酸钾溶液。

（四）细菌性角斑病

1. 症状

图 6-5　苦瓜细菌性角斑病

该病主要危害叶片，对茎也有一定危害。叶部初发病时有针尖大小的水渍状斑点，斑点扩大时受叶脉限制呈多角形灰褐斑，湿度大时叶背面溢出乳白色黏液，干后呈一层白膜，病斑部位穿孔。如图 6-5 所示。

2. 发病条件

在棚室内空气相对湿度 90％、温度 24～28℃时会引发该病。

3. 防治方法

发病初期用下列药剂喷雾防治：3％中生菌素可湿性粉剂 800 倍液，或 47％春雷·王铜可湿性粉剂 800 倍液，或 20％噻森铜乳油 500 倍液。

课后习题

1. 苦瓜定植后的管理措施有哪些？
2. 越冬苦瓜如何应对阴雨雪天气？
3. 简述苦瓜常见病虫害的防治方法有哪些。

相关链接

✤苦瓜的营养价值

1. 促进饮食、消炎退热

苦瓜中的苦瓜苷和苦味素能增进食欲，健脾开胃；所含的生物碱类物质奎宁，有利尿活血、消炎退热、清心明目的功效。

2. 防癌抗癌

苦瓜含有的蛋白质成分及大量维生素 C 能提高机体的免疫功能，使免疫细胞具有杀灭癌细胞的作用；苦瓜汁含有某种蛋白成分，能加强巨噬能力，临床上对淋巴肉瘤和白血病有效；从苦瓜籽中提炼出的胰蛋白酶抑制剂，可以抑制癌细胞所分泌出来的蛋白酶，阻止恶性肿瘤生长。

3. 降低血糖

苦瓜的新鲜汁液，含有苦瓜苷和类似胰岛素的物质，具有良好的降血糖作用，是糖尿病患者的理想食品。

❋凉拌苦瓜（图6-6）的做法

图6-6　凉拌苦瓜

原料：

苦瓜1根（约300g），红彩椒丝、葱丝适量。

调料：

蒜末1勺，白糖1勺，生抽1小勺，盐1g，醋1勺，香油、花椒油适量。

做法：

（1）苦瓜洗净后刨成四瓣，用刀片掉瓜瓤和苦瓜的白色部分不要；

（2）将片好的苦瓜斜刀切成细丝；

（3）红彩椒、大葱切丝后放入清水浸泡使其卷曲；

（4）将蒜末，生抽，糖，盐，醋，香油混合均匀制成碗汁备用；

（5）锅内烧水，水开后放入一小勺盐；

（6）下入苦瓜丝焯烫约15秒；

（7）盛出苦瓜丝迅速用水冲凉后控干水分；

（8）将苦瓜丝码入盘中，上面放上红椒丝和葱丝，淋上调好的碗汁；

（9）热锅后倒入食用油，下入花椒炒香后制成花椒油；

（10）趁热将花椒油淋在盘中即可。

学习任务 7 四棱豆

本任务主要学习四棱豆的特性及生产管理要点，通过本任务学习掌握四棱豆的育苗、田间管理和病虫害防治技术，学会合理安排茬口，实现全年生产。

一、四棱豆的生物学特性

(一) 形态特征

四棱豆原为高温热带野生植物，人类栽培史已近 400 年，属于豆科四棱豆属，蝶形花冠，总状花序，如图 7-1 所示。子叶不出土，三出复叶。豆荚截面形似阳桃，整体呈长条四面体形，绿色或紫色，每荚含种子 8～21 粒。种子为圆球体，种皮光滑，有白、黄、褐、棕、红、黑等色，地上结豆荚，地下长块根（薯块），有固氮特性。为一年生或多年生攀缘草本或藤本。

图 7-1 四棱豆

1. 根

四棱豆的根系入土深度可达 80～100cm，侧根根幅 30～50cm。匍匐在地上的茎节在潮湿环境下易生不定根，也可长根瘤和块根。四棱豆在幼苗长出 4～6 片真叶时开始形成根瘤。根瘤固氮能力很强，从开花到籽粒形成初期固氮量达到最高点。每亩四棱豆的根瘤固氮量高达 11～15kg，相当于 55～75kg 硫酸铵或 64～88kg 碳酸氢铵。

四棱豆的块根主要是根系膨大后长成的，少数是蔓茎在地表生成根后膨大的。块根颈部可萌发幼芽，可做无性繁殖用。四棱豆开花结荚中期，就要注意施钾肥，同时培土，以利于块根生长。

2. 茎

四棱豆蔓茎一般长 3～4m，最长可达 10m，一般主茎有 25～40 个节。茎蔓光滑无毛，呈绿紫色（或紫绿相间）。苗期生长缓慢，抽蔓后生长迅速，节间距离从基部到顶端由短到长。主茎、侧枝抽生的分枝依次为二级分枝、三级分枝，少数叶腋生四级分枝。在潮湿环境中，茎节易生不定根，故可以扦插繁殖。

3. 叶

四棱豆的子叶不出土，顶土能力较强。出土幼苗如遇主芽枯死，地下子叶节的休眠芽（侧芽）可萌发新枝。第一对真叶为对生单叶，其后长出的复叶为三出复叶，互生。叶色分为绿色、紫绿、紫红。叶的功能期长，可达 2~3 个月或更长。

4. 花

四棱豆的花呈蝶形，为总状花序，盛花期单株同时开花可达百朵，每串花序有小花 2~10 朵，花梗长 3~15cm，每一花序开花顺序是基部的花先开，为强势花，成荚率高；中部和顶部的花后开，为弱势花，成荚率低。花色有淡蓝色、蓝紫色和白色。华北地区的四棱豆花一般在上午 9~10 时开放，气温低时下午才开放，从开花到坐荚一般需 5~7 天。同一花序第六节位以上的，一般不能结荚。同一花序一般可结 1 荚，部分结 2 荚，少数结 3 荚。花成荚率占全株花数的 3%~7%，最多不超过 10%，坐荚率极低。

5. 荚

四棱豆荚果是主要产品器官，呈绿色、绿紫色、紫色、青绿色，有 4 个棱角。结荚后 20 天左右达到最大长度，荚果长 5~25cm，最长可达 70cm。单株结荚 30~50 个。

荚的发育分两个时期：幼荚期和荚果籽粒成熟期。幼荚期是四棱豆开花后 15~20 天，此时豆荚含水量达 90%，荚内豆粒还未形成，手握鲜荚柔软，荚质嫩脆，纤维含量低，荚果重 20~50g，个别品种达 65~120g，是食用嫩荚的采收适期。四棱豆边开花，边结果，边成熟，属多次性收获作物。老荚颜色逐渐变深、变褐至黑色。

6. 种子

四棱豆开花后的 25~50 天进入成熟期，荚内纤维不断增加使荚壁革质化。荚内水分散失加快，由胚发育的籽粒逐渐膨胀，由软变硬，浅色变深色，胚乳充实，水分减少。种子有种皮、子叶和胚 3 部分组成。种子有黄、绿、棕、红、黑、褐、紫、白等颜色，以圆形或椭圆形为多。成熟种子含水量 8%，百粒重 25~50g，种子无休眠期，种皮坚韧有蜡质。直接从老荚中剥除的种子发芽率为 70% 左右。一般储藏条件下发芽力可保持 2~3 年，低温霜冻后收获的干荚中的种子不宜做种。

(二) 生长发育周期

四棱豆发育周期分为营养生长和生殖生长，大部分时间是营养生长和生殖生长并进，其一生分为四个时期。

(1) 发芽期：从种子萌发到第一对真叶展开。为 10~14 天。

(2) 幼苗期：从第一对真叶展开到抽蔓前。这一阶段以营养生长为主，开始花芽分化。

(3) 抽蔓期：从茎蔓节间开始伸长到现蕾开花，并陆续萌发侧枝。

(4) 结果期：开花后需 15~20 天采收嫩荚。

(三) 对环境条件的要求

1. 温度

四棱豆是原产于热带的作物，耐热不耐寒。种子发芽的适宜温度 25~30℃，15℃ 以下、35℃ 以上发芽不良；生长发育的适宜温度为白天 27℃ 左右，夜间 18℃ 左右，白天 17℃ 以下结荚不良，10℃ 以下停止生长。从播种至出苗需要 10℃ 以上积温 103.5~157℃，播种至开花需 1110℃；一般要求年平均气温 15~28℃，较凉爽的气候有利于块根的发育。

2. 光照

属短日照作物，需光不耐阴，对日照的感应性依品种不同而有差异。对日照反应敏感的品种，在长日照条件下，易引起茎叶徒长而不能开花结实。如在苗期进行短日照处理则能提早开花，特别是出苗 20～28 天的幼苗对短日照尤其敏感。而也有一些品种对日照不敏感，所需积温较低。在北方地区能够种植成功。

3. 水分

喜温暖多湿的气候条件，不耐干旱，也不耐积水环境，因为干旱和积水不利于固氮菌的发育和块根的发育。在开花期干旱会引起落花落荚。

4. 土壤条件和营养

在土层深厚、疏松肥沃、能灌能排的沙壤中生长最好，能获得嫩荚和块根最佳的产量和品质；在黏性土壤中块根生长不良，食味差。不耐盐碱，适宜 pH 值 5.3～7.5 的土壤种植。需肥量多，据测定每生长 100kg 籽粒，需纯氮（N）24kg、五氧化二磷（P_2O_5）5.4kg、氧化钾（K_2O）13.54kg。其本身的固氮率为 68.1%，主要补充磷、钾肥，需肥最多的时期是始花期至结荚中期，这一时期要吸收所需氮素总量的 84.4%、磷素的 90%、钾素的 60.9%，氮肥和磷肥的施用重点在前中期，钾肥则应前轻后重，还要补充钙、硫、硼、锌等微量元素。

二、四棱豆品种类型

（一）印度尼西亚品系

茎叶绿色，花为紫色、白色和淡紫色，较晚熟，豆荚长 18～20cm，为多年生，在热带地区全年播种均能开花结实，营养生长期长达 4～6 个月。中国种植的多属此类。

（二）巴布亚新几内亚品系

一年生，早熟，自播种至开花需 57～79 天，小叶以卵圆形和正三角形居多，茎蔓生，花紫色，茎叶和花均有花青素，荚长 6～26cm，表面粗糙，种子和块根的产量较低。

根据其生长发育特点和收获目的可分为食用类、菜用类、饲用类和兼用类等 4 类品种。

（三）我国培育的新品系

近些年我国科研单位新选育出一些适宜在我国北方地区无霜期短、气候较干燥、冬季严寒的条件下栽培的优良品种，同时也育出品质优良、适应性强的蔓生品种和矮生品种。现简要介绍如下。

1. 四棱豆

蔓生，花浅紫色，荚深绿色，长 22cm、宽 3.5cm，单荚重 20g 左右，种子圆形，棕褐色，生长期嫩荚 180 天，老荚 216 天，适宜南方地区及北方地区 5～10 月种植。

2. 早熟翼豆 833

早熟品种，适应性广、经济性状好，蔓生，蔓长 4～6cm，叶阔卵形至阔菱形，茎叶绿色，嫩荚绿色，长 16～21cm。近地面根膨大成块根，适宜在广州、南京、北京等地种植。

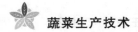

3. 83871 号

早熟类型品种，蔓生，蔓长 3～4m，分枝力强。植株苗期长势中等，中、后期旺盛。花蓝紫色，嫩荚绿色，荚长且粗糙，易剥离，肉质脆，味微甜。适宜我国各地种植，华北地区露地、保护地均可种植。

4. 早熟 2 号

植株蔓生，蔓长 3.5～4.5m，分枝力强，茎基部 1～6 节，可分枝 4～5 个，茎叶光滑无毛，左旋性缠绕生长，小叶宽卵形，茎叶深紫红色，花淡紫蓝色，嫩荚绿色，翼边深紫红色，荚大，纤维化较迟。单株结荚 40～50 个，荚长 18～20cm，种子灰褐色。80%～90% 的植株近地面根，系膨大成块根呈细长纺锤形。亩产嫩荚 850～1200kg，产薯块 350kg，干豆粒 120～150kg。成熟早，对光照不敏感，生长发育所需积温较低，适宜北方地区种植。

三、四棱豆栽培季节和茬口

华北地区露地种植，3 月中下旬在保护地育苗，苗期 25～30 天。四月中下旬定植入大田，春季有风沙地区在定植后要加风障或扣小拱棚。保护地种植，春季 1 月播种育苗，2 月中下旬定植。秋茬 6 月下旬至 7 月中旬直播，10～12 月采收。不宜连作。露地栽培可与大田作物玉米、高粱、谷子、花生等轮作。

日光温室栽培时重点应放在秋冬茬，其次是冬春茬。秋冬茬：8 月上中旬育苗或直播，9 月上中旬定植，气温下降至 16℃时覆盖棚膜，10 月中下旬采收嫩荚，直到翌年 1～2 月。冬春茬：12 月上中旬到翌年 1 月中旬播种育苗，苗龄在 40 天左右；1 月中下旬到 2 月中下旬定植，3 月始收，直到 6～7 月。

四、四棱豆的栽培技术

（一）露地栽培管理技术

1. 选地与施肥做畦

宜选择土层深厚、疏松肥沃、能灌能排的沙壤土种植。熟土层厚度应在 30cm 左右。不宜连作，一般选择 2～3 年未种过豆类作物的地块，将前茬残株、杂草清理干净，集中进行烧毁或深埋等无害化处理。四棱豆虽有较强的固氮作用，但生长期长，需肥量大，要想获得高的产量，仍需施用充足的基肥。耕地前每亩施用腐熟、细碎有机肥 2000～3000kg，或膨化鸡粪 1000kg、过磷酸钙 20kg、硫酸钾 5kg，耕耘整平后，按 1.5m 的间距做成高畦，畦面宽 80cm，畦沟宽 70cm，每畦定植或播种 2 行，株距定在 35～40cm，每亩定植 1500～2000 株，间作、套种则根据套种的作物来确定密度。

2. 播种

（1）种子处理。应选择新鲜、饱满、种皮发亮的种子，播种前晒种 1～2 天，然后在 55～56℃温水中浸种 8～12h，前期要用木棍不停搅拌种子，直至水温降至 30℃左右。种子充分吸胀后催芽，浸种期间换水 2～3 次。经浸种不能自行吸胀的"硬豆"需进行沙破种皮或化学处理，以促使发芽。沙破种皮的方法是将硬豆放入粗砂中摇动 15～20min，使种皮破损后再进行浸种，以提高发芽率。化学处理是将硬豆用 12.5% 浓度的稀硫酸在 62℃的溶液条件下浸种 5min，再用清水将硫酸冲净，然后再浸种，可提高发芽率。催芽适温为 25～28℃，也可用变温处理方法，白天 30℃，8h，夜间 20℃，16h，在催芽过程中每天用清水冲洗种子 2 次，经 2～3 天，90％的种子出芽，芽长不超过 2mm 时即可播种。

（2）播种方法。四棱豆属种子留土的作物，种子出苗的过程主要是种子上胚轴伸长嫩芽出土，需较湿润的土壤条件，若土壤较干，可提前浇透水，待墒情合适再播种，一般采用穴播的方法，按行株距挖穴，每穴点种 2 粒，播后覆土 3cm，幼苗顶土力较强，待出苗后选留健壮苗 1 株。

（3）育苗移栽。育苗可在温室、大棚、小拱棚等保护地设施中进行，采用营养钵 72 穴塑料穴盘，也可用 40g 的营养块苗，营养钵和塑料穴盘用草炭、蛭石为基质，比例为 2：1。另加 10％腐熟、细碎优质有机肥，每立方米基质加 150g 50％的多菌灵充分拌匀后装入营养钵或穴盘，浇透水后点种，每穴 1 粒发芽的种子，覆基质 2～3cm，早春要覆盖一层地膜，以保温、保湿，待出苗时及时揭去以免烫苗。育苗期加强温度管理，出苗前温度控制在白天 25℃左右，夜间 18℃以上，出苗后及时通风，适当降低温度，白天 20～25℃、夜间 15℃以上即可，随着外界气温升高，逐渐加大通风量，待外界气温稳定在 15℃以上时可昼夜通风加强炼苗，有 3～4 片真叶、苗龄 30～35 天即可定植。育苗期间要适时浇水，叶面喷施 0.3％磷酸二氢钾 2 次。定植密度以每亩 1500～2000 株为宜，过密通风不良，秋季还易倒架，过稀又影响早期产量。定植方法：大面积种植按行距开沟，按株距栽苗，深度以苗坨放入后不高于畦面为宜，及时浇透水，水渗后再覆平土，小面积种植可开穴栽苗。为提高土地利用率可在垄、行间定植一些矮秧耐阴的蔬菜作物，可以提高前期的经济效益。

3．田间管理

（1）中耕培土。四棱豆前期生长缓慢，要及时中耕除草 2～3 次；在植株旺盛生长、即将封行时，停止中耕，以免伤根，但要培土起垄，以利地下块根形成，也便于浇水和排水。

（2）肥水管理。施肥原则以有机基肥为主，化肥为辅，配合叶面喷肥。前期偏重施氮、磷肥，后期适量施用氮、钾肥。在叶片生长营养期少施氮肥，以防徒长；盛花期适当追施磷、钾肥和少量氮肥，以促进开花结荚。全生育期需钾肥最多，追施应少量多次。具体追肥时间和追肥量：苗期生长缓慢，在根瘤形成较少时，应追施少量的氮肥以便分枝，一般每亩穴施腐熟细碎的鸡粪 500kg 或尿素 5kg；根瘤形成和活动旺盛期每亩追腐熟鸡粪 500kg、硫酸钾 5kg；现蕾后每亩施用含量 30％的氮磷钾复合肥 20kg，若枝叶茂盛可不用施肥；现蕾结荚开花期，要加强肥水管理，每次每亩施用氮、磷、钾复合肥 30kg，每间隔 15～20 天施用 1 次。全生长期配叶面喷肥，用 0.2％～0.5％浓度的磷酸二氢钾和尿素于晴天下午 4 时以后混合喷施，每 7～10 天喷 1 次，全生育期可喷 5～7 天，以促进开花结荚，并提高坐荚率和嫩荚质量。

四棱豆不耐旱，在整个生长期要保持土壤湿润，满足茎叶生长、开花结荚和块根肥大对水分的需求。苗期缺水则生长缓慢细弱，开花期供水不足则大量落花落荚，因此要及时浇水，以小水勤浇为好。

（3）搭架、整枝、摘心。

蔓生的四棱豆需要搭架栽培，设支架后，种子产量可增加 2~10 倍，嫩荚产量可增加 2.9~3.5 倍，块根可增加 2~8 倍。不设支架不但产量减少，而且豆荚容易接触地面，从而使泥土污染豆荚，降低豆荚品质且使其容易发病。蔓长 50~60cm 时，要及时搭架引蔓。由于茎叶比较繁茂，可选择 2m 长、3~4cm 粗的木棍或竹竿，搭成人字形、三角架、四角架或平棚形，用钢丝固定。立架以东西向为好，有利于通风透光、减少土壤水分蒸发、抑制杂草丛生、提高结荚率，有利于四棱豆生物潜力特性的发挥。

抽蔓开始后，茎蔓生长迅速，四棱豆侧蔓现蕾节位比主蔓低，结荚比主蔓密，故此时幼苗应全部摘心，促使低节位抽生侧蔓，使四棱豆早现蕾、早结荚。同时摘心后注意顺蔓，使藤蔓均匀分布在棚架之上。四棱豆长势强，分枝多，为促进早开花、早结荚、减少落花、提高结荚率，要进行合理的整枝。四棱豆以第一分枝结荚最多，其次是第二分枝。当主蔓长到 1m（初花期）时摘心，促进侧枝生长、增加花序数量，茎基部第 2、第 3 分枝也应摘心。每分枝只留基部 3~5 朵花打尖。盛花期及时去掉无效分枝、弱势花，摘旁心和打掉下部老叶，以改善通风和透光条件，还能减少养分的消耗。主蔓长到 25~30 片叶、主蔓爬到架顶时摘心，促使各个部位花序的花芽生长发育，以利于高产。

引蔓初期，绑蔓一次，以后随时引蔓上架，使茎叶分布均匀，以免影响光照和通风。引蔓最好在晴天中午或下午进行。矮生直立无架四棱豆在株高 50~60cm 时摘心，促进侧根生长，可提早开合结荚，侧枝可留 2~3 叶摘心。

（二）四棱豆的保护地栽培技术

1. 选用优良品种

应选择早熟、对光照不敏感的品种，目前以 83871 号、早熟 2 号、翼豆 833 等较适宜北方保护地种植。

2. 整地施肥做畦

宜选择前 2~3 年未种过豆科作物的地块，并且土层深厚、疏松肥沃、排水与灌水均方便的保护地，每亩施入腐熟、细碎的有机肥 3000kg，耕地前施入，深耕细整地，达到疏松、平整、细碎无土块的标准。做成高出地面 20~25cm 高畦，畦宽 1.4~1.5m，每畦种 2 行；也可畦宽 1m，每畦种 1 行。畦面覆盖银灰色地膜，以利于提高地温和保墒。

3. 育苗

春季种植多采用育苗移栽的方式，可在温室、塑料大棚或改良阳畦育苗，用 6cm× 6cm 的营养钵，也可用 72 穴的塑料穴盘育苗，以草炭和蛭石为基质，比例为 2∶1，并加 10％腐熟、细碎有机肥。对于草炭货源困难的地区，也可使用 60％~70％的无病虫源的消毒园田土，加 20％~30％的细沙土，加 10％的腐熟细碎的有机肥。种子处理方法和育苗方法可参考露地栽培技术中育苗部分。一般人工育苗，苗龄 35 天左右。

4. 定植

春季提前 30 天扣好棚膜，选晴天定植。可按行距开沟定植，也可挖穴定植，一般穴距 35~40cm，每亩定植 2000~2400 株，栽后浇足水。可在行间间作一些矮秧蔬菜，如油菜、茼蒿、樱桃萝卜等。

5. 田间管理

（1）植株生长前期管理。定植后 3～4 天内保持较高的室温促其尽快缓苗，保持在白天 27℃左右、夜间 18℃左右，缓苗后逐渐放风，通风量视天气情况而定。四棱豆在 3 叶期至抽蔓期生长缓慢，也是一生中较耐旱的阶段，除在移栽时浇足水外，苗期一般不再浇水，水分过多易使植株根系浅，地上部分徒长，影响结荚量和荚形。在外界气温稳定在 18℃以上时，可在白天将棚膜揭开，晚上盖上。抽蔓期要及时搭架或用绳吊蔓。

（2）整枝打杈。参照露地栽培。

（3）肥水管理。四棱豆根瘤菌固氮作用强，追肥以磷、钾肥为主，在苗期追施氮、磷肥，在开花、结荚、块根膨大期除了追施钾肥外，还要追施少量氮肥，另外，要进行 4～6 次叶面喷肥，以 0.2%～0.5% 浓度的磷酸二氢钾或 500 倍农保赞有机肥 6 号较好，追肥具体时间和数量可根据地力和长势情况参照露地进行。幼苗期小水勤浇，保持土壤湿润；现蕾后需水量明显增加，应及时浇水，并结合中耕培土；开花结荚块根膨大期需水量更大，尤其是幼荚快速生长时不能缺水，这阶段缺水不仅影响幼荚的生长速度，还会引起大量花蕾的脱落，所以此时水对产量影响最大。

（4）调节温度和光照。在夏、秋季节采取降温措施，冬、春季节采取增温、保温措施，使四棱豆在适宜的温度条件下生长。夏季中午覆盖遮阳网 3～4h，以遮挡强光、降温，并且减少日照时数，使其光照时间保持在每天 12h 左右。

（三）四棱豆花、蕾脱落的原因分析及如何防止

四棱豆株高繁茂，花蕾数很多，但往往结实率不高，影响花蕾脱落的原因主要有以下 5 方面。

1. 开花初期脱落

主要原因是高温致使花蕾发育不良，另外此时枝叶的营养生长仍占优势，致使花蕾发育不完全，或者不能开花，或者不能坐荚。防止措施是适期播种，并在温度高时采用降温措施。

2. 开花盛花期的花蕾脱落

主要原因是光合产物的流向分散，花蕾的营养供给不足。这个时期，营养生长和生殖生长都旺盛，各个发育中心对营养的争夺十分激烈，这时光合产物要流向茎叶生长、开花结荚、块根膨大和根瘤菌固氮耗能等 4 个营养库，致使花蕾和幼荚营养不良而大量脱落。防止措施除加强肥水管理，合理施用氮、磷、钾肥外，还要及时整枝、打顶梢、摘心、疏枝打叶、抑制营养生长。疏掉弱势的花蕾，才能集中养分供给，大幅度提高结荚率。

3. 开花后期的花蕾脱落

主要原因是气温下降，植株生长发育渐减缓。后期花蕾幼荚不能成熟，应该及时摘除没希望成熟的幼荚，以免消耗养分。

4. 豆荚螟为害

在一些老菜田或豆类连作地，豆荚螟为害严重，并有迁荚为害的习性，幼虫选择在豆荚下部蛀入荚内，食害幼荚和种子，造成落荚，要及时防治。

5. 气候因素的影响

不同地区的引种，由于地理条件的差异，会引起花蕾发育不正常，造成开花授粉受阻而脱落。可采用植物生长调节剂来防止落荚，常用的有三十烷醇、赤霉素等。

（四）四棱豆的采收

1. 采收嫩叶

嫩叶比老叶营养丰富，蛋白质含量高、纤维少、可消化性好，在枝叶生长过旺时，可采摘顶端 20cm 长最嫩的茎叶食用，可以做汤、凉拌或配菜。

2. 采收嫩荚

一般开花后 15～20 天豆荚色绿、柔软时为最佳采收期，一般亩产量 1000～2000kg。

3. 采收块根

北方地区在下霜前挖出，可以食用，也可栽在温室中作种块，第 2 年再定植大田；南方地区冬季温暖，土壤不结冻的地区，可陆续采收，也可当年不收，第 2 年继续生长，块根更大。

4. 采收干豆或种子

种子一般在开花后 45 天成熟，豆荚变褐色，并基本干枯时可采收种子。种荚以结荚中期的荚果最好，选荚大、粒大、荚形好的做种，荚果成熟时易开裂，要及时采收。其余的荚果可采收干豆。

五、四棱豆病虫害及其防治

四棱豆主要病虫害有病毒病、锈病和豆荚螟 3 种。

（一）病毒病

病毒病是四棱豆的常见病害，分布较广，发生也普遍，明显影响四棱豆的产量和质量，病原为菜豆普通花叶病毒和菜豆黄花叶病毒。如图 7-2 所示。

防治方法：选择相对抗（耐）病的品种，精选无病的种子；增施有机肥，适时浇水、追肥，使其生长健壮，加强防治蚜虫、粉虱、斑潜蝇等害虫；发病初期喷施 1.5％植病灵Ⅱ号乳剂 1000 倍液，或病毒 A500 倍液或

图 7-2　四棱豆病毒病

1％抗毒剂 1 号水剂 300 倍液，7～10 天 1 次，防治 2～3 次，也可以上药剂交替使用。

（二）锈病

分布较广，多在秋季发病，发病率30％～100％，发病严重时影响产量与质量。病原为担子菌疣顶单胞锈菌宾菌，主要为害叶片。如图 7-3 所示。

防治方法：采收后及时清理田间病枝叶，将病枝叶集中烧毁或深埋；选用抗病品种，增施充分腐熟的有机肥，生长期间加强肥水管理；发病初期用 25％敌力脱乳

图 7-3　四棱豆锈病

油 8000 倍液喷雾防治，7～10 天防治 1 次，连防 2～3 次。

（三）豆荚螟（又名豆荚斑螟）

发生地区较广泛，幼虫蛀荚取食豆粒，还会引起落花落荚，如图 7-4 所示。

图 7-4　豆荚螟

防治方法：在田间架设黑光灯诱杀成虫，每亩架设一盏；及时清除田间落花、落荚，摘除被害的卷叶和豆荚，减少田间虫源；开花初期或现蕾期开始喷药防治，每 10 天喷蕾、喷花 1 次，可选用 52.25％农地乐乳油 2500～3000 倍液，或 10％多来宝悬浮剂、3％莫比朗乳油、5％卡死克乳油 1500～2000 倍液。

课后习题

1. 简述四棱豆花、蕾脱落的原因及如何防止。
2. 四棱豆种子的处理方法有哪些？
3. 四棱豆整枝技术有哪些？
4. 四棱豆病虫害的防治方法有哪些？

相关链接

❋**健康小知识**

四棱豆内含丰富的脂肪、膳食纤维，因富含蛋白质、维生素和多种矿物质，人称"绿色金子"。

四棱豆含多种氨基酸，且氨基酸组成合理，其中赖氨酸含量比大豆还高。在四棱豆中，维生素E、胡萝卜素、铁、钙、锌、磷、钾等成分的含量尤为惊人，远远超过其他蔬菜，是补血、补钙、补充营养的极好来源，常食能治多种疾病，属保健型蔬菜。

近年来四棱豆逐渐走入普通消费市场，受到人们青睐，成为蔬菜大家族中的新贵。四棱豆对冠心病、动脉硬化、脑血管硬化、习惯性流产、口腔炎症、泌尿系统炎症、眼疾等多种疾病均有良好的疗效。因此，有人称四棱豆为 21 世纪健康食品、奇迹植物。同时四棱豆中富含的维生素及多种营养元素，具有降压、美容、助消化等食用和药用价值，效作超出其他豆类和一般蔬菜，被誉为豆中之王。

经常食用四棱豆可以防衰老、增强记忆力、减肥、美容、补血、补钙、补锌、预防骨质疏松，用途极为广泛。此外，四棱豆口感细腻脆嫩，含有丰富的膳食纤维，有助消化，能改善胃肠功能。

❋**四棱豆适宜的人群**

一般人群均可食用。

（1）病后调养者、素食者和需要补铁的人群最为适合。

（2）尿频症病人少食。

学习任务8 茼 蒿

本任务主要学习茼蒿的特性及生产管理要点，通过本任务学习掌握茼蒿的育苗、田间管理和病虫害防治技术，学会合理安排茬口，实现全年生产。

一、茼蒿的生物学特性

图 8-1 茼蒿

茼蒿又叫蓬蒿、蒿菜，如图 8-1 所示。原产于我国。食用部位为嫩茎，营养丰富，纤维少，品质优，风味独特，是蔬菜中的一个调剂品种，也是快餐业、火锅城、自助餐等不可缺少的一道爽口菜。茼蒿不仅风味宜人，而且容易栽培，生长快、周期短，可作保护地主栽作物的前、后茬栽培和间套、插空栽培。

茼蒿整个植株都具有特殊的清香气味，对病虫有独特的驱避作用，因此，很少需要喷施农药，是理想的无公害蔬菜。它属于半耐寒性蔬菜，冷凉温和、土壤相对湿度保持在 70%～80% 的环境有利于其生长。在温度适合的条件下，全年均可播种，近年来，冬、春、秋季保护地种植越来越普遍。播种后一般 40～50 天收获，温度低时生长期延长至 60～70 天。

（一）植物学特征

1. 根

属直根系，主侧根分明，但不发达，分布较浅，多在 10～12cm 土层中。

2. 茎

茎肥壮，圆形。叶基部呈耳状抱茎，具 2～3 个回羽状深裂，有不明显的白茸毛，叶厚，多肉而脆，全缘或有齿状缺刻。

3. 种子

种子小而稍长，褐色，千粒重 2.14g。种子寿命 2～3 年，使用年限 1～2 年。

（二）对环境条件的要求

1. 温度

茼蒿属于半耐寒蔬菜，喜冷凉温和的气候，怕炎热。种子在温度 10℃ 即可正常发芽，生长适温为 17～20℃。温度 29℃ 以上明显生长不良，叶小而少，质地粗老。能够耐受短期 10℃左右的低温。

2. 光照

茼蒿对光照要求不很严格，较能耐弱光。茼蒿是长日照植物，夏季高温长日照条件下，植株繁茂前就抽薹开花。在日光温室冬、春季栽培时，一般不易发生抽薹现象。

3. 水分

茼蒿属浅根性蔬菜，生长速度快，单株营养面积小，要求充足的水分供应。土壤须经常保持湿润，以土壤湿度70%～80%、空气相对湿度85%～95%为宜。水分少会使茼蒿茎叶硬化，品质粗劣。

4. 土壤营养

对土壤要求不很严格，肥沃的壤土、pH5.5～6.8最适宜茼蒿生长。由于生长期短，且以茎叶为商品，故应适时追施速效氮肥。

二、茼蒿的品种类型

茼蒿分为大叶种和小叶种两大类型。

(一) 大叶茼蒿

大叶茼蒿又叫板叶茼蒿、宽叶茼蒿。叶大呈匙状，缺刻少而浅。叶肉较厚，嫩茎短粗，香味浓重，质地柔嫩，以食叶为主。但耐寒性差，比较耐热，生长较慢，产量较高。主要在南方栽培。

(二) 小叶茼蒿

小叶茼蒿又叫花叶茼蒿、细叶茼蒿。叶片为羽状深裂，叶形细碎，叶肉较薄且质地较硬。嫩茎及叶均可食用，但品质不及大叶茼蒿。抗寒性强，生长期短，香味甚浓，为北方主栽类型。主要品种有北京的蒿子秆。

三、茼蒿的栽培季节和茬口

茼蒿较耐寒，在高效节能日光温室的播期不甚严格。种植日期的主要考虑因素是市场行情，如在11月上中旬至12月中旬播种，上市期在元旦、春节，较容易取得良好的经济效益。在日光温室果菜栽培的初期也可间套种茼蒿。大棚茼蒿的栽培也应该根据市场来确定播期，一般在大棚果菜收获前，利用多层覆盖，可抢种一茬茼蒿，播期为1月下旬至2月上旬，上市期为3月中下旬。采收后可定植果菜类蔬菜。北方地区春、夏、秋三季都可进行露地栽培。春季栽培的播种期多在3～4月份，但在寒冷地区早春播种时还应加设保护设施；秋季栽培在8～9月份分期播种，也可在10月上旬播种；夏季栽培时，由于气温较高，茼蒿品质稍差，产量也低，北方高寒地区多采用夏播。

四、茼蒿的栽培技术

(一) 春露地栽培

1. 品种选择

多选用耐寒力较强、生长快、早熟的小叶茼蒿品种。

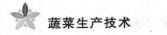

2. 施肥整地

茼蒿生长期短，要想获得高产、优质的产品，应选择肥沃疏松的壤土或沙壤土。播种前每亩施腐熟有机肥 3000～5000kg、过磷酸钙 50～70kg、碳酸氢铵 50kg 左右。普施地面，深翻耕耙后，搂平做畦，畦宽 1～1.5m，畦内再搂平并轻踩 1 遍，以防浇水后畦面下陷。

3. 播种

春播时为促进出苗，播种前宜进行浸种催芽。方法是用 30℃ 左右的温水将种子浸泡 24h，捞出后用清水冲洗去杂物及浮面上的种子，控干种子表面的水分，在 15～20℃ 下催芽。催芽期间每天检查种子并用清水淘洗 1 次，防止种子发霉。待种子有 60%～70% 露白时即可播种。无论是干籽播种还是催芽播种，都可以分为撒播和条播。条播时，在畦内按照行距（沟距）8～10cm 开沟，沟深 1～1.5cm。在沟内用壶浇水，水渗后在沟内撒籽，然后覆土。撒播时，把畦面搂平，浇透水。水渗后即可撒播种子，播后覆土约 1.5cm 厚。

4. 间苗除草

一般播种后 6～7 天可出齐苗。当幼苗长有 2 片真叶时开始间苗，拔去生长过密处的苗。当幼苗具 3 片真叶时进行第二次间苗并定苗，撒播的苗距为 4cm 见方，条播的株距保持 3～4cm，结合间苗拔除田间杂草。

5. 水肥管理

播后要保持地面湿润，以利于出苗。苗高 3cm 时浇头遍水。全生长期浇 2～3 次水。株高 10cm 时进入旺盛生长期，此时加强浇水和追肥。水分以畦面见干见湿为宜，追肥以速效氮肥为主，结合浇水每亩施入尿素 15kg，以后每采收一次，要追肥 1 次，每次每亩用尿素 10～20kg 或硫酸铵 15～20kg，以勤施薄肥为好。但下一次采收距上一次施肥应有 7～10 天以上的间隔期，以确保产品达到无公害质量标准。

6. 采收

茼蒿采收有两种方式。

（1）一次性采收。在播后 40～50 天、苗高 20cm 左右时贴地面割收，一次性收完。

（2）分期采收。有两种方法：一是疏间采收，二是保留 1～2 个侧枝割收。每次采收后浇水追肥 1 次，促进侧枝萌发生长，隔 20～30 天后可再收割 1 次。2 次采收总产量为每亩 1000～1500kg。

（二）塑料大棚（或日光温室）秋延后栽培

北方地区 10 月份在大棚或日光温室中播种，12 月份至翌年 3 月份收获，可增加蔬菜淡季市场供应，经济效益较好。

1. 品种选择与播期

选用耐寒力较强的小叶茼蒿。播种期一般比秋露地栽培推迟 20～30 天。

2. 整地、播种

前作收获后，清除残株，揭开棚（室）膜，深耕 20cm，晾晒 3～5 天后，每亩施腐熟的有机肥 2500～3000kg，浅耕后耙糖做平畦。播前种子进行浸种催芽，按 15～18cm 行距，开幅宽 6～7cm、深 1.5～2cm 的沟，撒种子后覆土浇水。也可以先用育苗盘育苗，苗高 7cm 时，按株行距 10～15cm 定植。

3.播后管理

外界气温降至 12℃ 以下时扣膜。扣膜前间苗、拔草，结合浇水每亩施 10kg 尿素。棚（室）内白天温度超过 25℃ 时通风，夜间温度低于 8℃ 时加盖草帘，使温度保持在 12℃ 左右。播种后 40 天左右，苗高 10cm 以上时，茼蒿生长加快，选晴天上午结合浇水每亩施入尿素 10kg，浇水后注意通风排湿。棚（室）内的薄膜上如有大水珠往下滴，表示空气湿度太大，应加强通风，防止发生病害。

4.采收

12 月份苗高达 15cm 以上时，可开始收割，捆把上市。至翌年 3 月份以前收割 3～4 次。每次收割后应浇水、追肥，促进侧枝生长。

(三) 日光温室冬春季栽培技术

1.选择品种

茼蒿有大叶品种和小叶品种，温室栽培主要选用小叶品种。小叶品种较耐寒、香味浓、嫩枝细、生长快、成熟早，生长期为 40～50 天。

2.整地施肥

每亩用优质农家肥 2500～5000kg、过磷酸钙 50～100kg、碳酸氢铵 50kg，均匀地施于地面，然后深翻 2 遍，把肥料与土壤充分混匀，搂平后做畦，畦宽 1～1.5m，畦内再搂平并轻踩 1 遍，以防浇水后下陷。

3.适期播种

北方地区在 10 月上旬至 11 月中旬均可播种，如果小雪前在温室内播种，可于春节期间收获。播种量一般为 1.5～2kg/亩，播前 3～5 天用 30℃ 温水将种子浸泡 24h，淘洗，沥干后晾一下，装入清洁的容器中，放在 15～20℃ 条件下催芽。每天用温水淘洗 1 遍，3～5 天后出芽。播种时不论干籽播种还是催芽后播种，都可撒播和条播。条播时，在 1～1.5m 宽的畦内按 15～20cm 开沟，沟深 1cm，在沟内用壶浇水，水渗后在沟内撒籽，然后覆土。撒播时，先隔畦在畦面取土 0.5～1cm 厚，置于相邻畦内，把畦面搂平，浇透水，水渗后即可撒播种子。再用取出的土均匀覆盖，厚度为 1cm。

4.田间管理

(1) 温度：播种后温度可稍高些，保持白天 20～25℃、夜间 15～20℃，4～5 天（催芽）或 6～7 天（干籽）出苗。出苗后棚内温度：白天控制在 15～20℃，夜间控制在 8～10℃。注意防止高温，温度超过 28℃ 时要通风降温，超过 30℃ 对生长不利，光合作用降低或停止，会使生长受到影响，导致叶片瘦小、纤维增多、品质下降。最低温度要控制在 12℃ 以上，低于此温度要注意防寒，增加防寒设施，以免植株受冻害或冻死。

(2) 水肥：播种后要保持地面湿润，以利出苗。出苗后一般不浇水，促进根系下扎。湿度大、温度低易发生猝倒病。小苗长出 8～10 片叶时，选择晴暖天气浇水 1 次，结合浇水施肥 1 次，每亩施硫酸铵 15～20kg。生长期浇水 2～3 次，注意每次都要选择晴天进行，水量不能过大，相对湿度控制在 95% 以下。湿度大时，要选晴天温度较高的中午通风排湿，防止病害的发生。幼苗期要少浇水，生长中、后期应保持土壤湿润。间苗、定苗和每次采收后，每亩追施尿素 10～15kg。出苗以后要适当控水，6～8 片叶以后加强管理，温度控制在 18～22℃，保持土壤湿润，促进生长。

（3）化学除草：播种后、出芽前要及时除草，可每亩用 25％除草醚 0.25～0.5kg 兑水 60kg，用喷雾器均匀喷施（施药时要经常搅动药液，以防止药物沉淀而影响效果），或者将所需药物与 25kg 细土（或细沙）拌匀后均匀撒于田间。需要注意的是，施药后 2 天内不能浇水，7 天内不能锄地。播种时应浇足底水，临近出苗时浇 1 次齐苗水，出苗后要及时中耕除草。

5. 采收

采收方法同前。

五、茼蒿的采种技术

茼蒿有 3 种采种方法，即春露地直播采种、育苗移栽采种和埋头采种。

（一）春露地直播采种

3 月上、中旬将种子撒播在平畦中，播后浇水。每亩播种 3～3.5kg。幼苗长出 2 片真叶时间苗，苗距 8～9cm 见方。在这种密度下，单位面积的主花枝花序总数比较多，种子质量较高；如果稀植，侧枝增多，而主花枝花序总数相对减少，种子质量不如前者。

茼蒿种株的开花结果期正值夏季高温多雨期，很容易倒伏，严重影响种子产量和质量，所以苗期应蹲苗，使花枝粗壮，防止后期种株倒伏。苗期多中耕少浇水。6 月上旬，当主花枝上的花序即将开花时，结合浇水每亩施尿素 10kg，以后仍要适当控制浇水。进入 5 月份，随气温升高，增加浇水次数。当主花枝上的花已凋谢，开始结果后，叶面喷施 0.2％～0.3％磷酸二氢钾水溶液 1～2 次。种子成熟前减少浇水。

7 月中旬开始采收种子。由于种株主花枝和侧花枝上花序的开花期和种子成熟期不一致，为保证种子产量和质量，最好分 2 次采收。第一次主要收主花枝和部分侧花枝上花序的种子；第二次采收侧花枝上花序的种子。第二次采收后，将种株割下晾晒，晾晒至叶片萎蔫时便可脱粒。每亩可收种子 60～80kg。

春露地直播采种时，出苗晚、种株生长期短、花枝较细弱、花期和种子成熟期较晚，所以种子产量和质量不如以下两种采种方法。

（二）育苗移栽采种

较春露地直播采种提早半个月左右，于 2 月上旬至 3 月上旬在阳畦或温室育苗。采用条播，行距 10cm，6～7 天出齐苗。待清明前后苗高 5～10cm 即可定植于露地。按行距 40cm 做东西向小高垄，垄高 13～15cm。将茼蒿种株按穴距 30cm 栽在垄沟的北侧，每穴栽 4～5 株。这样栽植的好处是：垄北侧阳光充足，土温较高，缓苗快；可以随着种株的生长，分次培土，防止倒伏。定植后要浇定植水，此后控水蹲苗，促使幼苗生长健壮，防止徒长。当主枝和侧枝初现花蕾时（大约在 5 月中旬），分别浇水、施肥，并适当增施速效性磷、钾肥。为了使植株多发枝，多开花，可在主枝现蕾时摘心，促进发育，在 6 月底终花期停止浇水，使植株的营养向种子输送，提高种子的饱满度。7 月初开始分期采收种子。采种时，因种子易脱落，故用小布袋边采边装。最后去除杂质，收袋储存。亩产种量

100kg 左右。

采用育苗移栽采种时，植株开花、结果期较春露地直播采种提早半个月左右，种子产量和质量也比较高。

（三）埋头采种

立冬前后露地直播，一般当年不萌发，即使有些种子萌发，也会被冻死，所以每亩播种量要增加到 4kg 左右，以防止翌年缺苗。

采用这种方法采种，翌年春季出苗早，3 月中、下旬至 4 月上旬可以出齐苗，种株生长健壮，茎秆较粗，种子产量较高，比春露地直播采种每亩可增产 15～20kg。

六、茼蒿病虫害防治

防治茼蒿病虫害主要从农业防治入手，要合理施肥浇水，避免忽大忽小；温度不能忽高忽低，要给茼蒿创造良好的生态环境，促进植株健康生长，减少病虫危害和农药施用，维护生态平衡。

（一）猝倒病

1. 症状

猝倒病由腐霉属真菌侵染所致。主要为害未出土或刚出土不久的幼苗，病菌侵染幼苗基部。发病初期呈水渍状，后变黄褐色并缢缩成线状，植株倒伏，此时茎叶仍为青绿色，在高温潮湿条件下，受害部位可见到白色棉絮状霉状物。随着病情逐渐向外蔓延扩展，最后引起成片幼苗猝倒。如图 8-2 所示。

2. 防治方法

（1）选择地势高燥、避风向阳、排水良好的地块作为种植地。使用充分腐熟的农家肥料，播种前田地要耙细整平。适期播种，撒种均匀。

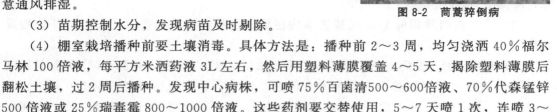

（2）温室和大棚内要保持适宜茼蒿生长的温度，注意通风排湿。

图 8-2　茼蒿猝倒病

（3）苗期控制水分，发现病苗及时剔除。

（4）棚室栽培播种前要土壤消毒。具体方法是：播种前 2～3 周，均匀浇洒 40％福尔马林 100 倍液，每平方米洒药液 3L 左右，然后用塑料薄膜覆盖 4～5 天，揭除塑料薄膜后翻松土壤，过 2 周后播种。发现中心病株，可喷 75％百菌清 500～600 倍液、70％代森锰锌 500 倍液或 25％瑞毒霉 800～1000 倍液。这些药剂要交替使用，5～7 天喷 1 次，连喷 3～4 次。

（5）利用苗床育苗时，上下覆盖药土。用 50％多菌灵可湿性粉剂 10g 与 13kg 细土混合，播种时用 2/3 药土撒在床土上，播种后用余下的 1/3 药土覆盖种子。

（二）茼蒿叶枯病

1. 症状

本病只侵染叶片。病斑呈圆形或不规则形，中央淡灰色，边缘褐色。湿度大时正、背面均现黑霉状物。后期病斑连片，致使叶片枯死。

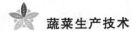

2. 发病条件

病原菌在病叶上残存。湿度大、叶面结露时本病易发生。病原菌靠气流传播。

3. 防治方法

(1) 及时清除病叶、病株，将其集中烧毁或深埋。冬、夏季深翻土地，进行"冻垡""晒垡"，减少侵染源。实行 2 年以上轮作，减少菌源量。避免在高温时间浇水，防止形成有利于发病的高温高湿环境。保护地扣膜后要加强通风，排出湿气。

(2) 药剂防治。发病初期用下列药剂喷雾防治：20％噻森铜悬浮剂 500 倍液，或 70％甲基硫菌灵可湿性粉剂 800 倍液，或 50％异菌脲可湿性粉剂 1500 倍液。每隔 5～7 天喷 1 次，连喷 2～3 次。为避免保护地中喷施水溶液使空气湿度增高，可用 45％百菌清烟熏剂熏蒸 6 次左右，每亩每次使用 200～250g。

(三) 茼蒿霜霉病

1. 症状

该病主要危害叶片。发病初期，叶片表面产生淡黄色、边缘不明显的近圆形小斑点，以后逐渐扩大成圆形或多角形的褐色褪绿斑。后期叶片逐渐干枯，叶片背面长出灰白色霉层。病害多从植株的外部叶片或下部叶片开始发生，逐渐向上蔓延。如图 8-3 所示。

图 8-3 茼蒿霜霉病

2. 发病条件

该病为真菌性病害。病菌以卵孢子在病株残叶上或以菌丝在被害寄主和种子上越冬。翌春产生孢子囊，借气流、雨水或田间操作传播。多雨多雾、空气潮湿时易发病。

3. 防治方法

(1) 与其他蔬菜实行 2～3 年的轮作。

(2) 播种量要适当，最好采取条播并适当间苗，以加强株行间的通风透光。科学灌水，降低田间湿度。

(3) 早春在茼蒿田间如发现被霜霉病侵染的病株，要及时拔除，带出田外烧毁或深埋。

(4) 药剂防治。发病初期立即用药，可喷 72％克露（克霜氰、霜脲锰锌）可湿性粉剂 600～700 倍液，或 72％普力克水剂 600 倍液，或 64％杀毒矾可湿性粉剂 500 倍液，隔 5～7 天喷一次，连喷 2～3 次。保护地栽培发病时，还可以使用 5％百菌清粉尘剂（每亩用量 1kg）和 45％百菌清烟剂（每亩用量 250g）进行防治。使用粉尘剂喷洒时要尽可能的不对着蔬菜喷施，而喷在它的上方，使它有一个漂移的空间，以扩大其附着面。在使用烟剂及粉尘剂时，不要在有阳光直射的时候进行，最好在傍晚进行，以增加其在植株上的附着量。

(四) 茼蒿炭疽病

1. 症状

该病主要危害叶片和茎。叶片被害，开始会产生黄白色的小斑点，后来病斑扩展成圆形或近圆形，呈褐色。茎被害，出现纵裂、凹陷、呈椭圆形或长条形的病斑，在湿度大的条件下，病部表面上常常分泌出粉红色黏质物。如图 8-4 所示。

2. 防治方法

（1）在发病地实行与非菊科蔬菜 2～3 年轮作。

（2）在无病地上留种或从无病株上采种。

（3）施用充分腐熟的粪肥，并增施磷钾肥，提高植株抗病力；可采取高畦或半高畦栽培，密度适宜；科学浇水，防止大水漫灌；保护地加强放风，降低湿度。

（4）药剂防治。发病初期，可喷 80％炭疽福美可湿性粉剂 600～800 倍液，或 50％灰霉灵可湿性粉剂 600～

图 8-4　茼蒿炭疽病

800 倍液，或 50％硫菌灵（托布津）可湿性粉剂 500 倍液，每隔 7 天喷 1 次，连喷 3～4 次。或 40％多丰农可湿性粉剂 400～500 倍液。保护地栽培可在早、晚喷施 5％百菌清粉尘，或 6.5％甲霜灵粉尘，每亩每次喷 1kg，隔 7 天喷 1 次，连喷 3～4 次。

（五）菜青虫

1. 为害特点

卵多产在叶背面，初孵幼虫在叶背面啃食叶肉，残留表皮。3 龄以后食量剧增，将叶片吃成缺刻或网状，严重时仅剩下叶脉。

2. 防治方法

（1）采用防虫网全程覆盖。

（2）药剂防治。用 2.5％敌杀死 2000 倍液，或 2.5％功夫 1500 倍液，或 5％抑太保 1200 倍液，或印楝素和川楝素及 Bt 喷雾防治，7～10 天 1 次。

（六）小菜蛾

1. 为害特点

小菜蛾虫害发生时，心叶被幼虫吐丝结网，逐渐硬化。叶背面被啃食掉叶肉，残留表皮呈现出透明斑点，甚至穿孔仅剩叶脉。

2. 防治方法

（1）采用防虫网全程覆盖栽培，可不施药防治。

（2）黑光灯诱杀成虫。具体方法是每亩菜地设置一盏黑光灯，灯光高度为 1.5m 左右，下置水盆，盆内滴入一些煤油，使灯距水面 20cm 左右。有条件的地区可使用频振式杀虫灯。

（3）成虫期使用性引诱剂。在 20 000～30 000m² 菜地范围内悬挂一支用小菜蛾性引诱剂制成的诱芯，高度略超过植株顶部，下置水盆，水中放一些洗衣粉，使诱芯距水面 1cm，可诱杀大量成虫。

（4）药剂防治。5％锐劲特 2000～4000 倍液，或 50％宝路可湿性粉剂 1000～2000 倍液喷雾，每 7～10 天 1 次。

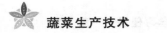

（七）蚜虫

1. 为害特点

为害茼蒿菜的蚜虫为菜蚜。其成虫或若虫群居在叶背面及嫩茎上，吸食汁液，形成褪色斑点，叶色变黄，叶面卷曲皱缩，植株矮小，采种植株不能正常抽薹开花和结实。菜蚜还会传播多种病毒病。

2. 防治方法

（1）清洁田园。

（2）用银灰色防虫网驱蚜或覆盖避蚜。

（3）药剂防治。最好选择同时具有触杀、内吸、熏蒸3种作用的农药。用10%吡虫啉可湿性粉剂2000倍液，或50%抗蚜威4000倍液喷雾防治，7～10天1次，连喷3～4次。

（八）斜纹夜蛾

1. 为害特点

初孵幼虫多群集叶背取食叶肉，残留表皮，3龄后食量大增，啃食叶片，形成空洞或缺刻。

2. 防治方法

（1）及时清除田间杂草，提倡秋翻冬耕消灭越冬蛹。

（2）田间注意及时摘除卵块及被害叶片。

（3）诱杀成虫。成虫发生期用6：3：1：10的糖、醋、酒、水加少量敌百虫诱杀成虫。

（4）药剂防治。关键是在1～2龄幼虫群居时进行化学防治。当田间检查发现百株有初孵幼虫20条以上时，用25%灭幼脲3号悬浮剂500～1000倍液，或20%氰戊菊酯2000～4000倍液，或40%菊杀乳油2000～3000倍液喷雾，隔7天喷一次，连续2～3次。防治3龄后幼虫，最好选在傍晚用20%甲氰菊酯乳油2500倍液喷雾，安全间隔期为3天，或40%氰戊菊酯乳油4000～6000倍液喷雾，安全间隔期为5天，或2.5%功夫乳油3000倍液喷雾，安全间隔期为7天。

（九）红蜘蛛（叶螨）

1. 为害特点及生活习性

红蜘蛛是一种多食性害虫。以成虫和若虫在叶背吸取汁液，被害叶片的叶面呈黄白色小点，严重时变黄枯焦，甚至脱落，红蜘蛛在露地和保护地均能发生。在北方多以成虫潜伏于杂草、土缝中越冬。第二年春天先在寄主上繁殖，然后转移到蔬菜地繁殖为害。初为点状发生，后靠爬行或吐丝下垂借风雨传播。

2. 防治方法

（1）彻底清除田间及其附近杂草；前茬作物收获后清除残枝落叶，减少虫源；加强虫情调查，及时控制在点、片发生时期。

（2）药剂防治。

①首选药剂为抗生素类制剂，如10%浏阳霉素乳油1500～2000倍液，或2.5%华光

霉素可湿性粉剂 400～600 倍液喷雾，安全间隔期均为 2 天，或 1.8%阿维菌素乳油 1500～2000倍液喷雾，安全间隔期为 7 天，但每季菜只宜使用 1 次。

②选用昆虫、螨类生长调节剂类制剂，如 15%哒螨灵可湿性粉剂（商品名称为牵牛星）3000～4000 倍液（每亩用量 18.8～25ml），或 50%四螨嗪（螨死净、阿波罗）悬浮液 5000 倍液喷雾，安全间隔期均为 14 天，且每季菜只宜施用一次。

③拟除虫菊酯类杀虫杀螨剂，其特点是高效速效，如 2.5%功夫乳油 2000～4000 倍液喷雾，安全间隔期为 7 天。

④其他杀螨杀虫剂，如 20%螨克（双甲脒）乳油 1000～1500 倍液（每亩用量为 50～75ml），其安全间隔期为 30 天，且每季蔬菜只宜用 1 次。要轮换使用不同种类的药剂，以延缓红蜘蛛产生抗药性，并注意将药液喷在嫩叶的背面。

课后习题

1. 茼蒿如何采种？
2. 茼蒿保护地栽培技术有哪些？
3. 茼蒿病虫害防治技术有哪些？

相关链接

✲茼蒿的营养成分：含有丰富的蛋白质、粗纤维、胡萝卜素、维生素 C 等成分。

✲茼蒿的功效：全草有健脾消肿、消热解毒、行气利尿、消积通便之效。能治感冒发热、腹痛腹胀、肠炎痢疾、消化不良、便秘、营养不良性水肿、脾虚浮肿、乳腺炎、高血压、水肿、吐血。图 8-5 为茼蒿的常用做法：凉拌茼蒿。

图 8-5　凉拌茼蒿

学习任务 9　樱桃番茄

任务描述

本任务主要学习樱桃番茄的特性及生产管理要点，通过本任务学习掌握樱桃番茄的育苗、田间管理和病虫害防治技术，学会合理安排茬口，实现全年生产。

一、樱桃番茄生物学特性

（一）植物学特征

图 9-1　樱桃番茄

樱桃番茄如图 9-1 所示。根系发达，再生能力强，主要分布在 30cm 耕层内。茎半蔓性，为无限生长型，基部木质化，分枝性强，为合轴分枝。叶互生，不规则羽状复叶，每叶有小裂片 5～9 对，小裂片为卵形或椭圆形，叶缘齿形，呈浅绿或深绿，茎叶上密被短腺毛，能分泌汁液，散发特殊气味。总状花序或复总状花序，完全花，花冠黄色，基部相连，花药连成筒状，雌蕊位于花的中央子房上位，自花授粉，天然异交率 4% 以下。果实有红色、粉色、黄色等颜色，单果重 10～20g，每花序可结果 10 个以上，多者可达 50～60 个。

（二）樱桃番茄对环境条件的要求

樱桃番茄，在中国大部分地区是作为一年生蔬菜来栽培种植的，但在终年无霜、冬季温暖或采取保护措施的地区，可实现多年生长。樱桃番茄具有喜温、喜光、耐肥及半耐旱的生物学特性，在春、秋气候温暖、光照较强而少雨的气候条件下，较容易栽培，也较容易获得较高产量。具体对温度、光照、湿度、土壤及养分条件的要求如下。

1. 温度

樱桃番茄属喜温性蔬菜，一生中正常生长发育的温度范围是 10～30℃。但不同生长时期对温度的要求也各不相同。营养生长的温度范围为 10～25℃，生殖生长的温度范围是 15～30℃。低于 10℃生长速度缓慢，5℃以下停止生长，0℃以下有受冻可能，但是经过耐寒训练的苗，可耐短时间−2℃的低温，长时间处于 1～5℃的低温环境时，虽然不致冻死，但能造成寒害，弱苗在 1℃左右有受冻可能。当温度高于 30℃时，同化作用显著下降，生长量减少；温度达 35℃时，生殖生长受到破坏，不能坐果；温度达到 35～40℃时，则植株生理状态失去平衡，并易诱发病毒病。土壤温度以 20～22℃最好，低于 13℃时，根的机能下降，土壤温度最高上限 32℃。各个生育阶段对温度的要求和反应分别如下。

（1）种子发芽期。种子发芽的适宜温度是 25～30℃，正常种子可在种植 48h 后开始发芽。高于 30℃虽然出芽快，但苗细弱，一般品种 32℃以上停止发芽；低于 25℃则随温度下降而出芽速度缓慢，出芽期推迟；当温度降到 11℃以下时，停止出芽，11℃为种子出芽的低温极限。

（2）子叶期。是樱桃番茄生长的低温时期，适宜的气温为白天 20℃，夜间是 10～12℃。此时如果温度过高，则下胚轴伸长过快，易形成徒长苗，即"高脚苗"。

（3）籽苗期。为促进真叶生长，应提高温度，以白天 22～23℃、夜间 12～13℃为宜。籽苗期的生长要为以后的花芽分化打下物质基础，如果温度过低，生长量少，将推迟花芽分化的日期，籽苗期夜温低时，将来出花节位低，反之则节位升高。

（4）成苗期。这段时间适宜温度为 15～25℃，以夜间不低于 15℃、白天不高于 25℃为宜。成苗期幼苗不仅继续长出新叶片、体积增大，最重要的生理过程是开始花芽分化。花芽分化与花芽发育的适宜温度是夜间 15～17℃、白天 23～25℃，昼夜温差为（8±2）℃。地温以 18～22℃为宜。成苗期的平均温度低，开花期会推迟，影响早熟性。

（5）开花坐果期。此时不仅营养生长旺盛，生殖生长也逐渐增强，需要大量同化产物。因此，开花坐果期对温度的需要增高。尤其开花期对温度反应比较敏感，在开花前 5～9 天、开花当天、开花后 2～3 天时间内对温度的要求更为严格，白天生长适温为 20～28℃，夜间为 15～20℃，温度过低（15℃以下）或过高（35℃以上）都不利于花器的正常发育，会导致不能开花或开花后授粉受阻。

（6）结果期。结果期是樱桃番茄生长发育最旺盛时期，要求大量同化产物，是其一生中需要温度最高的时期。此时要求白天适温是 28～30℃，夜间 16～18℃，利于果实着色。结果期应加大植株体内物质积累量，促使果实尽快膨大。在冬季生产中，夜温可以低于上述水平，最低可掌握在 7～8℃。降低夜温，加大昼夜温差，会推迟采收期，但能够提高单果重，生产上可以根据上市时间的价格来决定如何操作。

2. 光照

樱桃番茄是喜光性蔬菜，在一定范围内，光照越强，光合作用越旺盛，生长越好，产量越高。反之，易造成营养不良而落花。一般来讲，每日光照时数为 8～16h。冬季保护地生产中，拉盖草苫时要考虑光照时数的要求。樱桃番茄属于短日照植物，在由营养生长转向生殖生长，即花芽分化转变过程中基本要求短日照，但要求并不严格，多数品种在 11～13h 的日照下开花较早。光照充足时，同化产物增加，有利生长发育。樱桃番茄要求光饱和点为 70000lx，一般也应保证 30000～350001x 以上的光强度，才能维持其正常的生长发育。苗期光照充足，有利花芽早分化及早现花。所以在冬季温室栽培中，应保持玻璃或塑料薄膜的清洁，逐渐加大苗距，改善苗受光条件，否则容易由于光照不良导致同化产物减少，植株营养水平降低，造成大量落花，影响果实正常发育，降低产量。但是光照过强又会造成日烧病和病毒病的发生，可用遮阳网在 6～8 月遮阴，降低光照度，病毒病及日烧病等病害会大大降低，提高产量。

3. 水分

樱桃番茄对水分的要求并非很多，属于半旱状态，其适宜的空气相对湿度为 45％～

50％，如果空气湿度过高，易引起多种真菌性、细菌性病害发生，也影响自花授粉、受精。樱桃番茄对土壤湿度的要求在不同生育时期不同。苗期对土壤相对湿度要求不高，一般为65％左右，如果土壤含水量过大易造成幼苗徒长，根系发育不良。幼苗期为避免徒长和发生病害，应适当控制浇水。但进入结果期后，要求有较高的土壤水分，如果土壤水分不足，势必会影响到单果重，因为果实含水量占95％左右。另外，第1花序果实膨大生长后，其枝叶迅速生长，茎叶繁茂，蒸腾作用较强，其蒸腾系数为800左右，需要增加水分供应，尤其盛果期需要大量水分供应，土壤含水量应达80％，故樱桃番茄应该栽培在有灌溉条件的地区。如果土壤水分含量变化不均匀，如忽干忽湿，容易形成裂果，影响果实的商品性，从而影响效益。

4. 土壤

樱桃番茄对土壤要求不严格，适应能力较强，最适宜在土层深厚、排水良好、富含有机质的肥沃土壤中生长。但应尽量避免在排水不良的黏壤土上种植，这种土壤易造成樱桃番茄生长不良。樱桃番茄对土壤通气条件要求较高，因为植株的根系比较发达，主要根群分布在耕作层内，所以较疏松的土壤有利于根系的发育，当土壤含氧量下降到2％左右时，植株就会枯死。对土壤 pH 的要求以 5.6～6.7 为宜，即中性或弱酸性土壤。微碱性土壤中生长的幼苗，生长速度缓慢，但是植株长大后生长会良好，品质也较好。土壤溶液浓度不应过高。土壤溶液浓度过高会造成植株体内养分、水分向根外倒移，会导致植株生理失调或死亡。

5. 肥料

樱桃番茄在生长发育过程中，需要吸收大量的营养元素，如氮、磷、钾等，以及一些微量元素。为了满足对这些养分的需求，除了植株本身从土壤中吸收部分营养元素外，还要通过人工追施有机肥和化肥来弥补不足。樱桃番茄对钾元素的需求量较大，其次是氮、磷元素。有资料表明，结果期对各元素的吸收比例为氮（N）：磷（P_2O_5）：钾（K_2O）：钙（Ca）：镁（Mg）＝1：0.3：1.8：0.7：0.2。从上述比例可以看出：樱桃番茄对钾（K）的需求量最大，其次是氮（N），然后是钙（Ca）、磷（P）、镁（Mg）。比较突出的一个特点是：植株生长发育过程中对钙（Ca）的需求量较大，因此生产中要注意补充。

二、樱桃番茄品种类型

（一）红太阳

杂交品种。植株生长属于无限生长型，中早熟。第1花序着生在第 6～7 节，花序间隔 3 节，叶绿色，果实成熟后果色变红，圆形果，果肉较多，口感酸甜适中，风味好，品质佳，抗病性强。单干或双干整枝，每穗坐果最高可达 60 多个，平均单果重15g。该品种适宜于保护地冬、春、秋季栽培，密度为每亩 1800～2500 株。

（二）丘比特杂交品种

植株生长属于无限生长型，早熟。第1花序着生在第 6～7 节，花序间隔 3 节，叶绿色，果实成熟后果色变黄，圆形果，果肉较多，果皮薄，口感甜，品质佳，抗病性强。单干或双干整枝，每穗坐果最高可达 70 多个，平均单果重 14g。该品种适宜于保护地冬、春、秋季栽培，密度为每亩 1800～2500 株。

（三）维纳斯杂交品种

植株生长属于无限生长型，中早熟。第 1 花序着生在第 6～7 节，花序间隔 3 节，叶绿色，果实成熟后果色变橙黄，圆形果，果肉较多，果皮较薄，口感酸甜适度，风味好，品质佳，抗病性强。单干或双干整枝，每穗坐果最高可达 60 个，平均单果重 17g。该品种适宜于保护地冬、春、秋季栽培，密度为每亩 1800～2500 株。

（四）北极星杂交品种

植株生长属于无限生长型，中早熟。第 1 花序着生在第 6～7 节，花序间隔 3 节，叶绿色，果实成熟后果色变亮红，枣形果，果肉较多，口感酸甜适中，风味极佳，品质好，抗病性强，耐贮存。单干或双干整枝，每穗坐果最高可达 60 多个，平均单果重 13g。该品种适宜于保护地和露地栽培，密度为每亩 1800～2500 株。

（五）新星杂交品种

植株生长属于有限生长型，早熟。第 1 花序着生在第 5～6 节，花序间隔 1～2 节，叶绿色，果实成熟后果色变粉红，枣形果，果肉较多，酸甜适中，风味好，品质佳，抗病性强。单干或双干整枝，每穗坐果最高可达 30 多个，平均单果重 16g。该品种适宜于保护地和露地栽培，密度为每亩 1800～2500 株。

（六）京丹 1 号

植株为无限生长类型，叶色浓绿，生长势强。第 1 花序着生于 7～9 节，每穗花序可结果 15 个以上，最多可结果 60 个以上。果高圆形，成熟果为红色，单果重 8～12g。果味酸甜浓郁，唇齿留香，平均糖为 7 度，最高可达 9 度。中早熟，春、秋定植后 50～60 天开始收获；秋季从播种至开始收获需 90 天。在高温和低温下坐果性好。适合于保护地高架栽培。

（七）京丹 2 号

抗病毒病。植株为有限生长类型。第 1 花序着生于 5～6 节，2～4 穗封顶，每穗花序可结果 10 个以上。下部果高圆形，上部果高圆带尖。成熟果亮红美观，单果重 10～15g。果味酸甜可口。极早熟，春、秋定植后 40～45 天开始采收；秋季从播种至开始收获需85 天。

（八）梨形系列（黄洋梨、红洋梨）

由日本引进的小型番茄品种。无限生长型，叶片较小，普通叶，叶色浓绿，总状花序，第 1 花序出现在 7～9 节，以后每隔 3 叶出现 1 花序，每花序可坐果 10 个以上。果实似洋梨，果形小，单果重 15～20g 左右。中早熟，定植后 50～60 天可收获。其生长势及适应性较强，酸甜适中，品质佳，较抗热，抗病。该品种华北地区可以在 1 月上旬到 2 月上旬播种育苗，4 月下旬或 5 月初露地定植，单干整枝，行距 70～80cm，株距 25～30cm，亩产量 3000kg，用种量每亩 250g。黄洋梨果实成熟后为黄色，红洋梨果实变为红色。

（九）圣女

由台湾农友种苗公司选育。早熟品种，从定植至采收需 60 天左右。植株生长势较强，

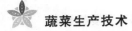

分枝能力强，属于无限生长类型。结果能力强，每穗可结果 40～60 个。果实长椭圆形，果色鲜红，种子少，不易裂果，果实含糖量 8.1％，品质好。对病毒病、枯萎病、叶斑病、晚疫病耐性较强。单果重 14g 左右，亩产量可达 1000kg 左右。

三、樱桃番茄栽培季节

（一）露地栽培

1. 春番茄

12 月在大棚内进行地热线加小棚育苗，3 月下旬地膜覆盖后定植大田，5 月下旬至 7 月下旬采收。选早熟丰产的丘比特杂交品种、圣女等品种。

2. 秋番茄

6 月下旬播种育苗，可采用营养钵育苗，7 月下旬定植，9 月下旬至下霜前采收，可选用京丹 1 号、京丹 2 号等品种。

（二）保护地栽培

1. 小棚覆盖栽培

1 月份利用阳畦或大棚内地热线加小棚覆盖育苗，3 月上中旬定植，最好先行地膜覆盖后定植，定植后即扣小棚，5～7 月份即可供应市场，较露地可提早上市 1 个月左右。

2. 大棚栽培

12 月初，冷床或棚内电热线育苗，2 月下旬定植，大棚套小棚，4～8 月上旬采收，选择早熟、丰产、优质品种。

3. 防雨棚栽培

和大棚栽培类似，唯全期大棚天幕不揭，仅揭去围裙幕，使天幕在梅雨季和夏季起防雨作用，在天幕上再覆盖遮阳网，有降温作用，可延长番茄供应期至 8 月甚至 9 月份。可选用抗青枯病的品种。

4. 大棚秋延后栽培

6 月下旬至 7 月上旬播种，8 月底定植，9～12 月上市。10 月份覆盖大棚膜保温，可多重覆盖，使其延长至元旦节供应鲜食番茄。

5. 日光温室栽培

冬季光照充足的地区，可利用日光温室栽培春番茄，提早上市，一般 10 月份育苗，11 月份定植，2 月份开始上市供应至 6 月下旬。

四、樱桃番茄栽培技术

（一）选择地块，确定品种

樱桃番茄对土壤条件要求不是非常严格，但一般以中性或弱酸性土壤为宜。选择的地块应该土层深厚、排水良好、富含有机质。

（二）适期播种，培育壮苗

各地播种日期可以参照普通番茄进行，一般要求播种期比定植期提前 45～50 天。以北京地区为例，春大棚在 3 月下旬定植，应在 1 月底播种育苗。育苗期间一般以日平均温度 20℃为宜，有条件的地区育苗应在日光温室里进行，并且铺设地热线。采用草炭营养块、营养钵或塑料穴盘育苗，营养钵和穴盘用草碳和蛭石为基质，比例为 2：1，加入 5%～10%腐熟过筛的有机肥，使空隙度在 60%～70%，保持良好的透气性。育苗期间保证充足的光照条件和矿质营养，才能保证幼苗发育健壮。

为了保证出苗整齐一致，播种前可浸种催芽，通常采用温汤浸种，即将种子放入 55℃温水中，不断搅动，使种子受热均匀，维持 20～30min 后捞出，之后再放入 30℃水中浸泡 3～5h，待种子吸足水分，捞出催芽。催芽方法：浸种后的种子沥干浮水，将湿种子用透气性良好的洁净纱布包好，放入盘中，盖上双层潮干毛巾，然后放在 25～28℃的恒温箱中催芽。每天要用温水投洗一遍，控净浮水，再继续催芽。一般经过 40h 左右便可发芽。待种子露出 1～2mm 的胚根后即可播种。

播种前先将育苗床土浇透，灌足底水，一般苗床水深 5～7cm，要使 8～10cm 土层含水达到饱和；如果是育苗盘播种，浇水达到盘下渗出水的程度为宜。播种方法为点播，即播种时将出芽的种子 2～3 粒均匀地点播在盘内（穴内），种子之间的距离以 1cm 左右为佳，播种后覆土，土层厚度为 5～8mm 为宜。覆土后，立即用塑料薄膜（地膜）将畦面或育苗盘严实覆盖。当幼苗长到 2 叶 1 心时定苗，每穴保留一株壮苗即可。

(三) 整地定植

当幼苗长到苗高 15～20cm，展开叶节间等长，茎秆硬实，具有 4～6 片真叶，叶片厚，有光泽，叶片舒展，无病虫害时可以定植。

定植前要求整地，做成平畦或小高畦，畦宽 1.4～1.6m，每亩施有机肥 5000kg 以上。畦做成后及时扣银灰色地膜。定植一般选取晴天上午进行，每畦栽两行，平均行距 70～80cm，株距 30～40cm，每亩栽植 2000～2500 株。栽苗的深度以不埋过子叶为准，适当深栽可促进不定根发生。如遇徒长苗，秧苗较高，可采取卧栽法，即将秧苗朝一个方向斜卧地下，埋入 2～3 片真叶无妨。

(四) 田间管理

定植后进入开花坐果期，生长特点是植株由以营养生长为主过渡到以营养生长与生殖生长并进的生长发育状态。管理目标为促进缓苗、保花保果，使秧、果协调生长，争取早熟、高产。

1. 温度管理

定植后 5～7 天，尽量提高温度，气温超过 30℃时才可通风。当看到幼苗生长点附近叶色变浅，表明已经缓苗，开始生长，白天以 25～28℃为宜，夜间为 10～15℃；开花以后可适当提温，白天最高不超过 30℃，夜间温度不低于 10℃；第 1 穗果进入膨大期后，昼夜温度掌握在 10～30℃之间；结果期降低夜温有利果实膨大，昼夜温差可加大到 15～20℃。

2. 科学浇水

樱桃番茄要注意水分的管理，定植成活后，灌水不宜过多，以保持畦土湿润稍干为宜。畦沟内不可有积水，防止忽干忽湿，以减少裂果及顶腐病的发生。在第 1 穗果实膨大期要浇 1 次催果水。以后根据实际情况确定浇水次数。以小水勤浇为宜，结果期维持土壤最大持水量的 60%～80%，当新生叶尖清晨有水珠时，表明水分充足，幼叶清晨浓绿则可考虑浇水，有条件最好安装滴灌设施。冬、春季地温偏低时可采取膜下暗灌的浇水方法。

3. 平衡施肥

要在第 1 次果穗开始膨大时追第 1 次肥，即攻秧攻果肥，每公顷开穴施用活性有机肥 3000kg，缺钾肥的地区可增施硫酸钾 150kg。也可随水冲施或滴灌施用农保赞有机液肥 1 号 15L，或含量 30% 的氮、磷、钾三元复合肥 300kg。以后每隔 15 天左右追肥 1 次，施肥量与第 1 次相同。要本着"少吃多餐"和"以有机肥为主，化肥为辅"的原则，均匀不断地供给植株充足的各种营养。生长期间每隔 7～10 天叶面喷肥 1 次，全生育期要喷 5～8 次，可选用农保赞有机滚肥 6 号 500 倍液，或磷酸二氢钾 300 倍液喷施，也可选用其他有机液肥，但含钾量要偏高，并符合农业部无公害食品的要求。

4. 吊蔓整枝

多采用单干整枝的方式，当株高达 25cm 时，用银灰色塑料绳吊蔓固定植株，及时去除侧枝和下部黄叶、老叶，长至预定植株高度时摘心，最上部果穗上留 3 片叶以上。生长期间要及时摘除植株下部的老叶和黄叶以减少养分消耗和利于通风透光，当植株长至一定高度时要采取落秧措施，并且要多次落秧，以延长结果采收期。

5. 调节温度，增加光照

保护地种植要调节适宜的温度，冬、春季节采取保温增温的措施，夏、秋季节要采取多项措施降温。开花结果期以白天 23～30℃、夜间 12～15℃ 为宜。选用透光率高的 EVA 农膜或高保温转光膜，要经常保持膜面清洁，在日光温室的后墙挂反光膜，尽量增加光照的强度和时间；但在夏季的 11～15 时棚顶要覆盖遮阳网以遮光降温。

6. 二氧化碳施肥

保护地种植结果以后要采取人工二氧化碳施肥的措施，使设施内二氧化碳的浓度在 1000mg/kg 以上（在清晨太阳出来 1h 左右，采用硫酸、碳铵反应法）。在春、秋季各施 40 天左右，其余时间加强通风换气。

7. 辅助授粉

采用人工振荡辅助授粉的措施能提高结实率，在晴天的 8～11 时，用竹竿或木棍轻轻敲打吊绳促进授粉，如遇阴天可推迟到 10～13 时。

五、樱桃番茄病虫害防治

图 9-2　樱桃番茄早疫病

(一) 早疫病

1. 症状

苗期、成株期均可染病。该病主要侵害叶、茎、花、果。叶片上病斑初期呈水渍状褐色斑点，扩大后呈圆形，有同心轮纹，潮湿时变为黑色。茎上染病多在节处形成褐色椭圆形凹陷斑。叶柄受害则生椭圆形轮纹斑，呈深褐色或黑色，一般不将茎包住。果实染病多发生于果蒂处，形成褐色凹陷斑块，有轮纹，易造成落果。如图 9-2 所示。

2. 防治方法

（1）加强管理。播种前进行种子消毒，用 50～55℃温水浸泡 15～20min。栽培上合理密植，实行 3 年以上轮作。温室内加强通风、降温排湿，避免高湿环境。

（2）药剂防治。可选用 50％农利灵湿性粉剂，或 65％多果定可湿性粉剂 1000 倍液、58％甲霜灵锰锌可湿性粉剂、64％杀毒矾 M8 可湿性粉剂 500 倍液进行喷雾防治。

（二）猝倒病

1. 症状

猝倒病是苗期的主要病害，症状是幼苗期基部出现水渍状病斑，苗变细至整棵苗倒伏。如图 9-3 所示。

2. 防治方法

可以用 25％瑞毒霉可湿性粉剂 500～800 倍液、64％杀毒矾 M8 可湿性粉剂 500～600 倍液、75％百菌清可湿性粉剂 600 倍液，每 5～8 天喷洒一次，连喷 2～3 次。

图 9-3　樱桃番茄猝倒病

（三）叶霉病

图 9-4　樱桃番茄叶霉病

1. 症状

该病主要危害叶片，发病严重时也危害茎、花和果实。发病初期叶面出现不规则形或椭圆形淡黄色斑，叶背病部着生褐色霉层；发病后期斑点布满叶背，变为黑色，叶正面出现黄色病斑，叶片由下向上枯黄卷曲，植株枯黄。果实染病时，常绕果蒂形成圆形黑色凹陷硬斑，潮湿时出现褐色霉层。如图 9-4 所示。

2. 防治方法

（1）科学管理。保护地内采用生态防治法，加强棚内温、湿度管理，适时通风，适当控制浇水，浇水后及时排湿，及时整枝打杈，按配方施肥，避免氮肥过多，提高植株抗病能力。

（2）药剂防治。叶霉病初见病后及时摘除病叶，喷洒药液全面防治，要注意叶背面的防治，可用 60％防霉宝超微粉剂 600 倍液、50％多菌灵可湿性粉剂 500 倍液、70％甲基托布津可湿性粉剂 800～1000 倍液、40％福星乳油 6000～8000 倍液、47％加瑞农可湿性粉剂 600～800 倍液等，每 7～8 天 1 次，连喷 2～3 次。

（四）蚜虫

1. 危害特点

以成虫及幼虫刺吸植物汁液，造成叶片卷缩变形，生长缓慢，而且蚜虫传播多种病毒病，造成的危害远远大于蚜害本身。危害番茄的蚜虫主要是桃蚜，一年发生10～20代，世代重叠极为严重。对黄色、橙色有强烈趋性，对银灰色有负趋性。

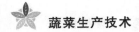

2. 防治方法

（1）物理防治。温室通风口处张挂银灰色膜条驱蚜。每亩棚室设置 30 块 1m×0.1m 的橙黄色板条，板上涂 10 号机油，诱杀成虫，每隔 7～10 天涂油 1 次。

（2）药剂防治。使用 3％啶虫脒乳油 1000 倍液，或 20％甲氰菊酯乳油 2000 倍液。喷洒时应注意喷嘴要对准叶背，将药液尽可能地喷射到蚜体上。封膜后也可使用敌敌畏烟剂熏杀，每亩用药 500g，分散 4～5 堆，用暗火点燃，冒烟后密闭 3h，杀蚜效果在 90％以上。

（五）白粉虱

1. 发生规律

温室白粉虱在我国北方冬季野外条件下不能存活，在生产中的日光温室或加温温室中才能继续繁殖和危害。第二年的春天，若虫从温室再向大棚、阳畦和露地的蔬菜作物上迁移。每年的 7、8 月份虫口数量增长较快，8、9 月间危害严重，10 月下旬以后气温逐渐降低，虫口数量开始减少，并且向温室内迁移为害。在北方由于周年蔬菜生产紧密衔接和相互交替，使温室白粉虱得以周年发生。

2. 防治方法

（1）生物防治。在温室和大棚等保护设施内，可人工释放丽蚜小蜂、中华草蛉等天敌防治白粉虱。

（2）物理防治。由于黄色对白粉虱成虫有强烈的诱集作用，所以可以在保护地内悬挂 0.6m×0.25m 的诱虫黄板或用涂成金黄色的三合板，在板上涂上食用油。每亩设 20～25 块，诱杀成虫效果较好。黄板设置高度略高于植株顶部，每隔 10 天重涂 1 次食用油。此方法可与释放丽蚜小蜂等协调运用。

（3）药剂喷雾防治。可用 25％扑虱灵可湿性粉剂 1000～1500 倍液、2.5％的联苯菊酯乳油（天王星）2000～3000 倍液、2.5％溴氰菊酯乳油（敌杀死）1000～2000 倍液、20％氰戊菊酯乳油（速灭杀丁）1000～2000 倍液、2.5％功夫乳油 3000 倍液喷洒，每周 1 次，连喷 3～4 次，不同药剂应交替使用，以免害虫产生抗药性。喷药要在早晨或傍晚时进行，此时白粉虱的迁飞能力较差。喷时要先喷叶正面再喷背面，使惊飞的白粉虱落到叶表面时也能触到药液而死。

（4）熏烟防治。在保护地中采用熏烟法省工省力，效果更好，是很值得推广的新技术。温室或大棚等在傍晚密闭，然后用 80％的敌敌畏乳油每亩 250g，掺锯末 2kg 熏烟，或用 1％的溴氰菊酯、2.5％氰戊菊酯油剂，用背负式机动发烟剂施放烟剂，或用 20％灭蚜烟剂熏烟，防治效果较好。

（5）农业防治。温室内前茬可以种植白粉虱不喜食的芹菜、蒜黄等耐低温的作物，减少黄瓜、番茄的种植面积。对温室、大棚内外的杂草、残枝、败叶一定要清除干净，减少虫源。

课后习题

1. 樱桃番茄的栽培技术要点有哪些？

2. 樱桃番茄常见病虫害的防治方法有哪些?

3. 樱桃番茄的催芽方法有哪些?

相关链接

❋**樱桃番茄适宜人群**

(1) 一般人群均可食用。尤其适宜婴幼儿,孕产妇,老人,高血压、肾脏病、心脏病、肝炎、眼底疾病等患者食用。经常发生牙龈出血或皮下出血的患者,吃樱桃番茄有助于改善症状。

(2) 急性肠炎、菌痢及溃疡活动期患者不宜食用。

❋**樱桃番茄的食疗作用**

(1) 樱桃番茄性甘、酸、微寒,归肝、胃、肺经。

(2) 具有生津止渴,健胃消食,清热解毒,凉血平肝,补血养血和增进食欲的功效。

(3) 可治口渴,食欲不振。

❋**樱桃番茄做法指导**

(1) 樱桃番茄常用于生食冷菜或西餐的装饰品,还可用于制作番茄酱。

(2) 青果不可食用,因为未完全成熟的果实含番茄碱,会引起中毒。

(3) 不宜空腹大量食用樱桃番茄;空腹时胃酸分泌量增多,而樱桃番茄含有大量的胶质、果质、柿胶酚及可溶性心收剂等成分,易与胃酸结合生成难溶解的块状结石,堵塞胃的幽门出口处,使胃内压力升高,造成胃不适、胃胀痛。

学习任务 10 紫甘蓝

任务描述

本任务主要学习紫甘蓝的特性及生产管理要点，通过本任务学习掌握紫甘蓝的育苗、田间管理和病虫害防治技术，学会合理安排茬口，实现全年生产。

图 10-1 紫甘蓝

紫甘蓝又名红甘蓝、紫洋白菜、紫苞菜等，如图 10-1 所示。是十字花科芸薹属甘蓝种的一个变种。原产于欧洲地中海沿岸。紫甘蓝的栽培食用在我国仅有十余年的历史，主要供应宾馆、饭店。紫甘蓝以紫红色的叶球为食，营养丰富，尤其含有丰富的维生素 C、维生素 U，同时含有较多的维生素 E 和 B 族维生素。每百克食用部分含蛋白质 1.4g、脂肪 0.1g、总糖 3.3g、钙 57mg、磷 42mg、铁 0.7mg。紫甘蓝结球紧实，色泽艳丽，抗寒耐热，病虫害少，产量高而耐储运，是一种颇有发展前景的蔬菜。

一、紫甘蓝的生物学特性

(一) 植物学特征

1. 根

紫甘蓝为圆锥根系，主根不发达，须根多，易生不定根。根系主要分布在土表层 30cm 深和 80cm 宽的范围内。根吸收肥水能力很强，而且有一定的耐涝和抗旱能力。

2. 茎

紫甘蓝的茎分为内、外短缩茎。外短缩茎着生莲座叶，内短缩茎着生球叶。内短缩茎越短、包心越紧密，食用价值越大。通过低温春化后，内短缩茎顶芽进行花芽分化，抽出形成直立的花茎，俗称"抽薹"。花茎、花枝的颜色也是紫红色。

3. 叶

紫甘蓝的叶片在不同时期有形态变化。子叶为心脏形；基生叶和幼苗叶具有明显的叶柄，莲座期开始结球，叶柄逐渐变短，以至无叶柄。据此判断品种特征、生长日期和预兆结球，可作为栽培管理的形态指标。叶色为深紫红色，叶面光滑、肉厚，覆有灰白色的蜡粉，有减少水分蒸腾的作用，故能抗旱和抗热。初生叶较小，为倒卵圆形；中生叶较大，呈卵圆形、椭圆形或近圆形的莲座状，即为同化器官的功能叶。莲座期以后，叶片向内弯曲，逐渐抱合成叶球。早熟品种外叶数一般为 14～16 片，中晚熟品种则有 20 片以上。

4. 花

紫甘蓝种株抽薹开花后形成复总状花序，异花授粉，与其他甘蓝类的变种和品种间能互相授粉杂交，自然杂交率在 70% 左右，因此采种隔离应在 2km 以上。

5. 果实和种子

紫甘蓝种子同结球甘蓝一样，果实为长角果、圆柱状，表面光滑，略似念珠状。成熟时膜增厚而硬化，种子排列在隔膜两侧，生成形状不整齐的圆球状，黑褐色，无光泽，千粒重一般为 4g 左右。种子在一般室内条件下可保存 2~3 年。

(二) 对环境条件的要求

1. 温度

紫甘蓝喜温和气候，也有一定抗寒和抗热能力。15~20℃为种子发芽最适温度，但在 25~30℃ 的较高温度条件下也可正常发芽。20~25℃ 是最适外叶生长的温度，但幼苗时能忍受 0℃ 的低温和 35℃ 的高温。结球最适温度为 15~20℃，当它处于 25℃ 以上的较高温度时，同化减弱，呼吸加强，基部叶片变枯，短缩茎伸长，结球疏松，品质、产量下降；在 5℃ 的低温下，叶球仍可微弱生长。

2. 水分

紫甘蓝在幼苗期和莲座期能忍耐一定的干旱和较潮湿的气候，但在 80%~90% 的空气相对湿度和 70%~80% 的土壤湿度下生长良好。空气相对湿度低对生长发育影响不大，但土壤水分不足就会影响结球和降低产量。若是土壤水分过多、雨涝、排水不良，根系呼吸受阻，会造成根系变黑、腐烂或植株感染黑腐病或软腐病。

3. 光照

紫甘蓝为长日照作物，未通过低温春化前，充足的日照有利于生长。对光强度要求不像果菜类那么严格，光饱和点较低，为 30000~50000lx，在结球期要求日照较短和较弱的光照。

4. 土壤营养

紫甘蓝对土壤适应性较广，沙壤土、壤土、黏壤土均可，但以壤土最适。最适的土壤 pH 为 6.5 左右。紫甘蓝是喜肥耐肥的蔬菜，要求肥力水平较高。氮肥是紫甘蓝叶片、叶球生长所需的重要元素，生长过程应注意氮肥的施用，每次追肥以每亩施 15~20kg 为适量界限，浓度过高会出现生理障碍，施用肥料种类以速效氮为好。紫甘蓝是需磷量较多的蔬菜，磷肥对紫甘蓝结球紧实有重要作用。一般磷肥多作为基肥用，也可以在结球期进行多次叶面追肥，对结球有良好效果。钾肥在生长初期吸收量很少，到结球开始以后吸收量增加，在收获期吸收量最大。氮、磷、钾三要素吸收比例是 3:1:4，施用时应注意配合使用。

此外，在紫甘蓝植株内，钙的含量也较多，仅次于氮素。如缺钙或不能吸收钙时，在生长点附近的叶片就会引起干枯或心腐病（即烧心）。心腐病在多施氮肥、多施钾肥或在冬季不易吸收钙的时候容易发生，应注意预防。

微量元素中，硼是容易缺乏的元素。硼不足时，易引起生长点和新生组织形成恶化、组织变黑、维管束破坏等。一般每亩施用硼砂 1~2kg，基本可满足其生长的需要。

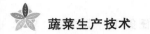

二、紫甘蓝品种类型

(一) 早红

从荷兰引进,早熟品种,从定植到收获需 65～70 天。植株中等大小,生长势较强,开展度 60～65cm。外叶 16～18 片,叶色为紫红色。叶球为卵圆形,基部较小、突出,单球重 0.75～1kg,一般亩产量可达 2000～3000kg。

(二) 红亩

从美国引进,中熟品种,从定植到收获需 80 天左右。植株较大,生长势强,开展度 60～70cm,株高 40cm。外叶 20 片左右,叶色为深紫红色。包球紧密,叶球近圆球形,单株重 1.5～2cm,亩产量可达 3000～3500kg。

(三) 巨石红

从美国引进,中熟品种,从定植到收获需 85～90 天。植株较大,生长势强,开展度 65～70cm。外叶数 20～22 片。叶球为深紫红色,圆形略扁,直径 19～20cm,单球重 2～2.5kg,亩产量可达 3500～4000kg。耐储性强。

(四) 90 - 169

北京蔬菜研究中心育成的早熟一代杂种,从定植到收获需 70～80 天。植株开展度 45～50cm。叶色深红,蜡质较多,外叶 12～14 片。叶球为紫红色,近圆形,中柱高 4～6cm,质地脆嫩,品质好,适生食。耐热耐寒性强,抗裂球性好,叶球充实后可延长采收。

(五) 紫甘 1 号

从国外引进的紫甘蓝品种中选出,中熟品种,从定植到收获需 80～90 天。植株较大,生长势较强,开展度 65～70cm。外叶 18～20 片,叶色为紫红,背覆蜡粉较多。叶球呈圆球形,单球重 2～3kg,亩产量可达 3000～3500kg。耐贮性及抗病性较强。

(六) 特红 1 号

北京市特种蔬菜种苗公司从荷兰引进的紫甘蓝中选出,早熟品种,从定植到收获需 65～70天。植株生长势中等,开展度 60～65cm。外叶 16～18 片,叶为紫色,有蜡粉。叶球卵圆形,基部较小,紧实,单球重 0.75～1kg,亩产量可达 2500kg 左右。

三、紫甘蓝栽培季节与茬口

现将华北地区大棚日光温室紫甘蓝栽培茬口安排(表 10-1)介绍如下,供各地参考。

表 10-1　大棚日光温室紫甘蓝栽培茬口安排　　(华北地区)

栽培方式	播种期	定植期	收获期	主要品种
日光温室	10月下旬至12月上旬	12月中旬至翌年2月中下旬	2月上旬至5月上中旬	早红、红亩等

续表

栽培方式	播种期	定植期	收获期	主要品种
大棚春提前	12月中下旬	翌年3月上旬	5月中下旬	早红、红亩等
大棚秋延后	7月上旬	8月上中旬	11月上中旬	红亩、巨石红等

四、日光温室和塑料大棚紫甘蓝冬春栽培技术

(一) 育苗

1. 品种选择

冬春保护地栽培应选择耐寒耐热的早熟或中熟品种,如早红、90-169、红亩等。

2. 播种期

日光温室播种期不甚严格,根据上市要求可在10月下旬至12月上旬育苗;大棚在12月中下旬育苗。由于此时外界温度低,育苗需在日光温室中进行。

3. 苗畦准备

苗床应施足基肥,每平方米施腐熟有机肥10~15kg、复合肥0.1kg。苗床消毒可用药土,药土用1份甲基硫菌灵可湿性粉剂加100份过筛细土配制。其中1/3撒于床面作垫土,2/3用于播后覆土。

4. 播种

选晴天播种。播前整平畦面,浇足底水。待水渗下后,先撒1层药土,然后将种子均匀撒入育苗畦内,播种量约为每平方米3g。播后再覆盖1cm厚的过筛细土。注意覆土要均匀,切防过厚,否则出苗不整齐。

5. 育苗畦的管理

紫甘蓝播种后,温室内气温应保持在白天25℃左右、夜间15℃左右。适宜温度条件下2~3天即可出苗。幼苗出齐后,再把温室气温降到白天20℃、夜间10℃,以防止幼苗胚轴伸长过快。为防止地温降低造成幼苗生育延迟,育苗畦内一般不浇水。播种后20~30天、当幼苗长至3片真叶时,应及时分苗。

6. 分苗

分苗畦准备方法同育苗畦。分苗前1天,先将育苗畦浇透水,以便在起苗时减少伤根。起苗后将幼苗按8cm见方移栽到分苗畦。苗栽好后及时浇水,同时每66.7m²(1分地)追施尿素1kg,促进幼苗生长和缓苗。分苗后45~60天、当幼苗长至6~8片真叶时即可定植。

7. 分苗期管理

(1) 温度:分苗后,为增加温度、促进缓苗,可搭建小拱棚,小拱棚内气温保持在白天25℃左右、夜间15℃左右。3~4天缓苗后撤小拱棚降温,温室气温保持在白天18~20℃、夜间10℃左右,使幼苗生长健壮、不徒长。定植前当幼苗长至6~8片叶时,为提高幼苗的抗寒性,应进行低温锻炼,温室气温保持在白天15℃左右、夜间7~8℃,逐渐地接近于定植环境的温度。

蔬菜生产技术

（2）水肥：分苗后及时浇水，3～4天缓苗后再浇1次水。此后中耕松土保持土壤上干下湿即可。一直到定植前7天左右再浇1次水，然后起坨囤苗。

8. 壮苗标准

未通过春化阶段的具有6～8片真叶的较大壮苗，苗龄为70～90天，茎（下胚轴）和节间短，叶片厚，色泽深，茎粗壮，根群发达。

（二）定植

1. 施肥整地

定植前施足基肥，一般每亩施用土杂肥、堆肥、猪粪等有机肥4000～5000kg、过磷酸钙20～30kg、草木灰150kg，与土壤耕耙均匀后整地做畦。按行距60cm做宽30cm、高15cm的小高畦。

2. 定植期

日光温室在12月上旬至翌年2月中下旬，大棚在3月上旬。

3. 定植方法

高畦定植一般采用水稳苗法，即按行距开沟浇水再将苗子定植沟内。定植密度行株距60cm×50cm，每亩定植2000～2200株。早熟品种如早红、特红1号、90-169等，行株距60cm×40cm，每亩定植2500～2600株。

（三）田间管理

1. 温度

紫甘蓝从定植到缓苗阶段温室气温可以高一些，以促生根缓苗，保持在白天25℃左右、夜间15℃左右。缓苗后逐渐降温，温室气温保持在白天20℃左右。结球期温室气温保持在白天15～20℃、夜间10℃左右。

2. 肥水管理

定植时外界气温低，采取水稳苗定植，可在浇水时，每亩施用硫酸铵7.5～10kg，以促进缓苗和提高地温，增强幼苗的抵抗能力。缓苗后再浇1次水，然后中耕。为使莲座叶长得健壮、根系发达，要适当控制浇水，15～20天浇1次。

从定植到莲座后期需30～40天，当心叶开始内合时表明已进入结球期。结球期是紫甘蓝生长最快、生长量最大的时期，也是需要肥水量最大的时期，保证充足的肥水是长好叶球的基础。所以结球期要结合浇水追肥2～3次：结球初期每亩追尿素10～15kg，结球中期追7～10kg，结球后期追5kg。浇水以保持地面湿润为准，地面见干就要浇水。但收获前期不要肥水过大，以免裂球。

（四）收获

紫甘蓝进入结球末期后，当叶球抱合达到相当紧实时即可收获。收获标准是：叶球充分紧实、切去根蒂、去掉外叶，做到叶球干净、不带泥土。

五、大棚紫甘蓝秋延后栽培技术

（一）品种选择

一般选择耐热、耐寒、耐储性强的中熟品种，如巨石红、红亩、紫甘1号等。

（二）播期

因秋延后栽培的紫甘蓝生长后期气温逐渐降低，所以播种期应严格掌握，可稍提前，但不能过晚，以免产生结球不紧的现象。播种期一般在 7 月上旬。

（三）育苗

播种育苗时正值高温多雨季节，所以育苗时要采取防雨措施，防止雨水冲刷。方法是采用塑料拱棚覆盖，但要注意将拱棚四边撩起，保证通风。夏季育苗温度高、生长快，苗龄不宜过长，一般为 30～40 天。苗龄若过长，苗子易徒长，形成细弱苗，定植后缓苗慢、易死苗，造成产量降低。

（四）田间管理

莲座期以前要促进植株的生长，使其在结球期到来之前同化叶面积达到充分生长的程度，为结球紧实、产量高打下基础。另外，要防止后期温度降低导致包球不实。

（五）扣棚

一般在 10 月上旬扣棚。扣棚后要注意通风，防止温度过高。进入 11 月份采取保温措施，尽量延长生长期。其他栽培技术同温室大棚冬春栽培。

（六）收获储藏

紫甘蓝达到采收标准时即可采收上市。也可收获后在冬季窖藏储存，或收获时带根假植储藏，延长紫甘蓝的市场供应时间。

六、紫甘蓝病虫害及其防治

（一）紫甘蓝霜霉病

1. 症状

此病在植株整个发育期均可发生。发病多从外叶开始。初期在叶的背面和正面形成深紫色不规则小斑，逐渐扩大成较大的坏死病斑，病斑中央浅黄褐色、边缘深紫色。同时在叶背面病部长出霜状霉层，多个病斑相互连接，形成大的坏死斑，直至整个叶片坏死。如图 10-2 所示。

2. 发病条件

病菌孢子萌发温度为 8～12℃，侵入适温 16℃，菌丝生长适温为 20～24℃。孢子囊形成、萌发和再侵染需

图 10-2　紫甘蓝霜霉病

要水滴或水膜，因而空气相对湿度高低、结露时间长短，直接影响此病发生轻重。一般连阴雨天发病重，保护地通风不良、连茬或间套种其他十字花科蔬菜也易发病。

3. 防治方法

发病初期可用下列药剂喷雾防治：72％霜脲·锰锌可湿性粉剂 600～800 倍液，或 69％烯酰·锰锌可湿性粉剂 800 倍液。

蔬菜生产技术

（二）褐腐病

1. 症状

真菌性病害。此病在紫甘蓝全生育期均可发生，以苗期发病普遍而严重，常造成大片死苗。病菌主要侵染植株根茎部，使茎部变褐。多数病苗染病后根茎略缢缩，沿病部向

图 10-3　紫甘蓝褐腐病

上、向下发展，使根茎和幼根变褐坏死而腐烂。空气潮湿时，病部产生较稀疏的灰白色蛛丝状物。紫甘蓝成株期发病，多造成植株根部和根茎出现褐色腐烂，同时基部叶柄呈灰褐色至紫褐色的坏死腐烂，最终使植株萎蔫。如图 10-3 所示。

2. 发病条件

病菌在 6～40℃ 温度条件下均可生长，以 20～30℃ 为宜。土壤潮湿或有自由水时，容易发病。田间湿度大、较长时间积水、土壤板结、栽植过深或施用未腐熟的有机肥时发病较重。

3. 防治方法

（1）农业措施。施用充分腐熟的有机肥。浇水时注意浇小水，避免田间积水。

（2）化学防治。发病初期可用下列药剂喷雾防治：50％多菌灵可湿性粉剂 500 倍液，或 5％井冈霉素水剂 500 倍液，或 72.2％霜霉威水剂 600 倍液。

（三）紫甘蓝黑腐病

1. 症状

该病主要危害叶片、叶球或球茎。子叶染病后呈水渍状，后迅速枯死或蔓延到真叶。真叶染病后，病菌由水孔浸入的，会引起叶缘发病，形成"V"字形病斑；从伤口浸入的，可在叶部任何部位形成不定形的淡褐色病斑，边缘常具黄色晕圈，病斑向两侧或内部扩展，致周围叶肉变黄或枯死。病菌进入茎部维管束后，逐渐蔓延到球茎部叶脉及叶柄处，引起植株萎蔫，至萎蔫不再复原，剖开球茎，可见维管束全部变为黑色或腐烂，但不臭，干燥条件下球茎为黑心或呈干腐状，别于软腐病。如图 10-4 所示。

图 10-4　紫甘蓝黑腐病

2. 发病条件

该病为细菌性病害。病菌可在种子内或随病残体遗留在土壤中越冬，从幼苗子叶或真叶的叶缘水孔侵入，引起发病。成株期除水孔外，还可通过伤口侵入，迅速进入维管束，引起叶片基部发病，并从叶片维管束蔓延到茎部维管束引起系统侵染。采种株上，病菌由果荚柄维管束进入果荚，致种子表面带菌。如从种脐侵入致种皮内带菌，就能进行远距离传播。此外，带菌菜苗、农具及暴风雨，均可传播此病。高温、高湿、连作地或偏施氮肥发病较重。

3. 防治方法

（1）发病严重的地块，与非十字花科蔬菜实行 2～3 年轮作。

（2）选用抗病品种。从无病地或无病株采种；或播前种子用 50℃温水浸种 20min；或每 100g 甘蓝类蔬菜种子用 1.5g 漂白粉（有效成分），加少量水，将种子拌匀，置入容器内密闭 16h 后播种。

（3）加强栽培管理。适时播种，适期蹲苗，避免过旱过涝，及时防治地下害虫。

（4）发病初期及时拔除病株，成株发病初期开始喷洒 20％噻菌铜（龙克菌）悬浮剂 500 倍液，或 53.8％可杀得 2000 干悬浮剂 1000 倍液、72％农用硫酸链霉素可溶性粉剂 3000 倍液，隔 7～10 天 1 次，连续防治 2～3 次。

（四）紫甘蓝软腐病

1. 症状

一般始于结球期，初在外叶或叶球基部出现水渍状斑，植株外层包叶中午萎蔫，早晚恢复。数天后，外层叶片不再恢复，病部开始腐烂，叶球外露或植株基部逐渐腐烂成泥状，或塌倒溃烂，叶柄或根茎基部的组织成灰褐色软腐状，严重的全株腐烂。病部散发出恶臭味，有别于黑腐病。为细菌性病害。如图 10-5 所示。

2. 传播途径和发病条件

病菌主要在田间病株、窖藏种株或土中未腐烂的病残体及害虫体内越冬，通过雨水、灌溉水、带菌肥料、昆虫等传播，从菜株的伤口侵入。该病从春到秋在田间辗转为害，其发生与田间害虫、人为或自然伤口多少及黑腐病等有关。生产上久旱遇雨，或蹲苗过度，浇水过量都会造成伤口而发病。地表积水，土壤中缺少氧气，不利于紫甘蓝根系发育或伤口木栓化则发病重。此外，还与紫甘蓝品种、茬口、播期有关。

图 10-5　紫甘蓝软腐病

3. 无公害防治法

（1）尽可能选择前茬为大麦、小麦、水稻、豆科植物的田块种植紫甘蓝，避免与茄科、瓜类及其他十字花科蔬菜连作。

（2）及早腾地、翻地，促进病残体腐烂分解。

（3）仔细平整土地，整治排灌系统，非干旱地区采用高畦直播。

（4）实行沟灌或喷灌，严防大水漫灌。

（5）选用抗软腐病品种。

（6）适期播种，大力推广带状种植，避免施肥打药等农事操作造成人为伤口。

（7）种子进行药剂处理。方法如下：①用“丰灵”50～100g 拌紫甘蓝籽 150g 后播种，或采用农抗 751，按种子重量的 1％～1.5％拌种；②苗期喷洒“丰灵”每亩 100～150g 加水 50L；③用“丰灵”150～250 兑水 100L，沿菜根挖穴灌入，或在浇水时随水滴入农抗 751，每亩使用 2.5～5L。由于该病苗期侵染期长，侵染部位多，在间苗或定苗时需要再防 1 次，有利于提高防效。

(8) 喷洒 3％中生菌素可湿性粉剂 800 倍液，或 72％农用硫酸链霉素可溶性粉剂 3000 倍液、50％氯溴异氰尿酸可溶性粉剂 1200 倍液，或 25％络氨铜·锌水剂 500 倍液、47％春·王铜（加瑞农）可湿性粉剂 750 倍液，隔 10 天 1 次，连续防治 2～3 次，还可兼治黑腐病、细菌性角斑病、黑斑病等。但对铜剂敏感的品种须慎用。

（五）紫甘蓝病毒病

图 10-6　紫甘蓝病毒病

1. 症状

苗期染病，心叶扭曲畸形，叶色浓淡不均，心叶与外叶比例严重失调，扭帮（菜帮子）卷缩，不包心。中后期染病，外叶颜色浓淡不均，叶片不能正常展开，呈勺状上卷，叶面抽缩。心叶畸形呈波纹状不规则扭曲，不包心或心叶不能相互抱合或包心松散。随着病害的发展外叶上出现不规则灰褐色坏死斑，最后植株逐渐萎蔫、干缩坏死。如图 10-6 所示。

2. 防治方法

(1) 选用抗病品种，如紫甘 1 号。

(2) 调整蔬菜布局，合理间、套、轮作，发现病株及时拔除。

(3) 适期早播，躲过高温及蚜虫猖獗季节，适时蹲苗。

(4) 水分管理连续浇水，地温稳定，可防止病毒病发生。

(5) 苗期防蚜至关重要，要尽一切可能把传毒蚜虫消灭在毒源植物上，尤其春季气温升高后，对采种株及春播十字花科蔬菜的蚜虫更要早防。

(6) 发病初期可用下列药剂喷洒防治：31％病毒康可溶性粉剂 800～1000 倍液、20％的吗啉胍·乙酮可湿性粉剂 500 倍液。隔 10 天 1 次，连续防治 2 次。

（六）甘蓝蚜

1. 为害特点

喜在叶面光滑、蜡质较多的十字花科蔬菜上刺吸汁液，造成叶片卷缩变形，植株生长不良，影响包心，并因大量排泄蜜露而污染叶面，降低蔬菜商品价值。此外，传播病毒病，造成的损失远远大于蚜害本身。

2. 防治方法

可用下列药剂喷雾防治：由于蚜虫繁殖快，蔓延迅速，多在心叶及叶背皱缩处，药剂难于全面喷到。所以除要求喷药时要周到细致之外，在用药上应尽量选择兼有触杀、内吸、熏蒸三重作用的农药，如国产 50％的高渗抗蚜威，或英国的辟蚜雾（成分为抗蚜威）50％可湿性粉剂 1000 倍液，这种农药选择性强，仅对蚜虫有效，对天敌昆虫及桑蚕、蜜蜂等益虫无害，有助于田间的生态平衡。其他可用 3％啶虫脒乳油 1000～1250 倍液，或 10％吡虫啉可湿性粉剂 1500 倍液，或 10％氯氰菊酯乳油 2500～3000 倍液。

（七）菜青虫

1. 为害特点

幼虫食叶。2 龄前只能啃食叶肉，留下一层表皮。3 龄后可蚕食整个叶片，轻则虫口累累，重则仅剩叶脉，影响植株生长发育和包心，造成减产。此外，虫粪污染茎球，降低商品价值。

2. 防治方法

（1）采用防虫网。

（2）可用下列药剂喷雾防治：5％氟啶脲乳油 1000 倍液，或 1％甲氨基阿维菌素苯甲酸盐乳油 2000～3000 倍液，或 20％甲氰菊酯乳油 1000～1500 倍液。

（八）菜蛾

1. 为害特点

初龄幼虫仅能取食叶肉，留下表皮，在菜叶上形成一个个透明的斑，农民称为"开天窗"。3～4 龄幼虫可将菜叶食成孔洞和缺刻，严重时全叶被吃成网状。在苗期常集中心叶为害，影响包心。

2. 防治方法

（1）农业防治。合理布局，尽量避免小范围内十字花科蔬菜周年连作，以免虫源周而复始。对苗田加强管理，及时防治，避免将虫源带入本田。蔬菜收获后要及时处理残株败叶或立即耕翻，可消灭大量虫源。

（2）物理防治。菜蛾具有趋光性，在成虫发生期，每 10 亩设置一盏黑光灯，可诱杀大量成虫，减少虫源。

（3）提倡使用推广防虫网。

（4）药剂防治用 5％氟虫腈（锐劲特）悬浮剂 1500 倍液、15％安打悬浮剂 3500 倍液、1.8％阿维菌素乳油 4000 倍液。防治菜蛾切忌单一种类的农药常年连续的使用，一定做到交替使用或混用，以减缓抗药性产生。选用阿维菌素的，采收前 7 天停止用药。

课后习题

1. 紫甘蓝的生长发育对环境条件的要求是什么？

2. 如何培育紫甘蓝壮苗？

3. 紫甘蓝的栽培技术要点有哪些？

4. 紫甘蓝病虫害的防治要点有哪些？

相关链接

❋ 凉拌紫甘蓝的制作方法

主料：紫甘蓝 100g，香油 5ml，醋 5ml，葱花、胡椒粉、味精、盐少许。

营养成分：碳水化合物 1.3g，蛋白质 2.8g，脂肪 5.3g，膳食纤维 1.2g。

做法：将紫甘蓝撕去老皮，洗净切丝，放葱花、胡椒粉、醋、味精、香油拌匀即可。

蔬菜生产技术

食法：佐餐食用。

功效：益肾补虚，养肝明目。

❋糖醋紫甘蓝（图 10-7）的制作方法

图 10-7 糖醋紫甘蓝

主料：紫甘蓝 500g，生姜 10g，干辣椒 3 只。

调味料：植物油、精盐、白糖、白醋各适量。

制作过程：1. 紫甘蓝去净老叶，削去根后洗净，切成细丝，加少许精盐拌和，腌制 2h 后，轻轻挤去水分放入盆中。

2. 将盐、搪、醋调成适合口味的卤汁，倒入紫甘蓝内，菜面上放些姜丝。

3. 随即将紫甘蓝与姜丝、倒入热油锅中，翻炒片刻，即可起锅食用。